從生態栽培、美感提升到心靈療癒

自己種菜吃

都市中的療癒菜園

園藝設計暢銷書作家 唐芩 ◎著

人文的・健康的・DIY的
腳丫文化

美味、美麗、有機、有氧的 都市新園藝

以一份閒情之心，遊戲之心，感恩之心，灌溉屬於你的幸福蔬果。
沐浴陽光，喜迎雨露，陽台方寸盡享豐收喜樂。

都市能夠再綠一點嗎？心情能夠再放鬆一點嗎？生活能夠再自然一點嗎？食物能夠再安全一點嗎？這些渴望，依靠過去傳統的觀賞園藝已無法滿足，尤其是後者，蔬果的飲食安全，必須透過自然栽培，免除農藥，然而菜價飛漲，有機蔬菜也不便宜，自己種菜的念頭在都市人心中開始出現，但是只有陽台可以種菜嗎？小小的窗台可以種菜嗎？又暗又小的套房可以種菜嗎？因應這些渴望與疑問，我們推出了這本工具書，不僅教你如何利用盆器在陽台種菜，而且要揮別過去印象中那種有異味的菜園。

畢竟都市人離開大自然太遠了，綠意只成點綴，四季的節奏受空調設備混淆，「看書種菜」，對以前的農人來說是不可思議的，但何嘗不也是一種樂趣。

都市人的思維不同，因此這本書不只是教你如何利用受限的環境來種菜，更要建立過去備受忽略的美學觀念：

＊如果你有名牌包包，你難道不該匹配一個名牌格調的有機菜園嗎？

＊如果你的居家裝修風格優雅，那麼，陽台菜園也可以很有水準。

＊在陽台種菜栽果，不見得比種花種草醜陋，而且種蔬菜，也不見得比種花難。

如果你開始注意到蔬菜瓜果也是翠綠、多彩、旺盛、美麗的，而且有更高的實用（食用與觀賞）價值，那麼，你是否更該去準備美觀的盆器來栽培它們，而不只是到市場回收保麗龍箱。如果你每天都把自己打扮得光鮮亮麗，也喜歡把居家佈置得

舒適雅致，那麼，也可以用這種心情，把陽台打造成一個時尚菜園。這個觀念，是否解開了你心底愛美又想種菜的矛盾？當都市的庭園、陽台、窗台、屋頂，除了美麗的花草植物，漸漸多出可以吃的蔬菜盆栽，而且看起來賞心悅目，那該是多美好啊！而且沒有農藥的有機蔬菜，不再只能跑到專賣店裡購買，在家就可隨時採擷、放心品嘗。

最重要的是栽培的過程，能領略自然的奧祕，更是一種心靈療癒的過程，而且盆栽栽培蔬果的方式，很方便，不用戴著斗笠、雙腳泥濘，而是在乾淨清爽的陽台播種與收成，這是屬於都市人特有的幸福。

蔬果作物如果能在戶外的露地上栽培，固然是最佳的生長環境，然而對於只有陽台、窗台的都市人來說，有一些蔬果植物，其實也能適應盆器栽培，能耐受略為蔭庇的環境，如草本蔬菜、小灌木果樹、香草植物中某些強健的品種，以及芽菜類蔬菜，在沒有窗戶的房間也能生長採收，加上近年來栽培技巧、盆器功能的專業性更加提升，都為都市人帶來更多享受自耕自食樂趣的機會。

蔬果作物都是具有生命性的，有的強健，有些纖弱，菜葉不一定每片都一樣長，結的果實也不一定每顆都一樣大，而且有時也可能會生個小病，這都是難免的，當一個快樂的都市農夫，要理解這些都是生命的必然，把種菜當閒情逸致、休閒生活來看待，邊種邊學，邊賞邊吃，隨著四季播育，隨著蔬果的成長決定今天吃什麼菜。永保一分快樂的心情，也是種菜收成之外的珍貴收穫。

Part-1

從生態栽培、美感提升到心靈療癒

都市中的療癒菜園

已經有越來越多現代人嚮往簡單的田園生活，

想像著這幅景象：晚餐時，你驕傲的坐在滿桌自家種的菜前，

大口咬下自己種出的清甜豆芽或是爽脆生菜，

讓人從平凡的生活中，重新找到踏實感。

但是誰家裡有一大塊田地呢？

其實啊，即使你居住在公寓的十八樓，

只要善用盆器和培育袋，

就能在陽台打造出一個迷你生鮮園，

讓你能天天坐擁蔬果美景。

1 菜園
像花園一樣美麗

種菜，在過去是農人的工作，
隨著都市人對於園藝生活的興趣擴大，以及農藥殘留問題的嚴重性受重視，
都市人也開始關注「吃」的來源，
有機蔬菜、自己種菜、市民農園、家庭菜園等概念逐漸萌芽，
在街巷開始看到有人利用家門邊、屋頂、路邊隙地，零星的栽培一些蔬菜。

傳統以來蔬果是經濟作物，很少有人用美感的角度來欣賞，塑膠桶、破水桶、保麗龍箱成為種菜的主要容器，即使有片露天田園，也常可見堆肥直接暴露，附近垃圾凌亂傾倒，不僅沒有美觀的景象，氣味上、衛生上也是問題，因為這種不良的刻板印象，許多講求美感與品質的人，只偏好種花欣賞，而不喜歡栽種蔬菜。

❀油亮葉菜，食用、觀賞兩相宜
蔬菜、果樹、香草、藥草，這些可以供作食用的作物，其實和觀賞花卉、觀葉植物，同樣都是大自然的恩

賜，能提供綠化、美化的作用，看那茂盛的葉菜，透過陽光照耀，油亮翠綠，生命力十足，並不比觀葉植物來得遜色。

根莖類的蔬果除了在地面上露出綠油油的葉叢，地底下還能拔出肥美的塊根，像是令人驚喜的寶藏；香草植物還有豐富的精油，香味迷人；果樹在盛產期結實纍纍，飽滿的果實，鮮豔的色澤，甜美的滋味，這些可以食用又可以觀賞的「蔬果植物」，價值與功能性比觀賞植物更高，如果能引進都市人的花園、陽台，顛覆傳統種菜只能在鄉下的觀念，都市人的生活一定會更多采多姿。

❀ 動手種菜也是一種心靈療癒

把種菜當種花的心情，用種花的美麗盆器來栽種蔬菜，把菜園當作花園來打造，裝飾景觀花園的花插、擺飾、門牌、掛飾，都可以運用在菜園裡，即使是挖泥的鏟子、防水防泥的花園靴、一件工作圍裙，都可以追求美美的感覺，過一種有美感的人文田園生活。

雖然上超市去買菜，比自己慢慢種出來的簡單省事，但是親手種的蔬菜瓜果滋味就是特別甜美，而且每天親

自動手耕耘，與自己種的蔬果為伍，或者只是看看幼苗慢慢滋長，就足以讓人心情大好，那可是個心靈療癒的過程啊！

藉由親手栽種的過程，不僅讓人與作物對話，也讓人在汗水付出中，體會到一份用心慢慢生活的況味。

蔬果植物自然美

陽台菜園的美感，可以從欣賞蔬菜本身，以及陽台的景觀佈置兩方面來看。一般適合陽台用盆栽栽培的蔬菜，主要為葉菜類、香草類、小型根莖類、豆類、小型瓜菜及果樹類，單就菜葉來說，翠綠、深綠、墨綠、淺綠、粉綠、紫紅、紫色、斑花等多樣化色彩，陽光照耀下鮮翠可口，生命力十足，交織的葉脈更如圖案般片片不同。

飽滿的瓜果有的長條、有的圓潤、有的扁平、有的凹凸怪樣，拙趣橫生，上頭色彩、斑點、條紋也如天上仙畫，豐收時果實纍纍，滿心歡喜，滋味吃起來甘、甜、苦、辣，又是另一層玩味境界。

香草植物外觀通常纖細可人，全株蘊含特殊的精油，是味覺的魔術師，每種香草都芬芳神怡，各自飄香，料理入菜更有畫龍點睛的作用。

蔬果的美，過去備受忽略，不妨種幾盆細細觀賞，你會發現鄉村田園耐人尋味的美感。

鄉村雜貨佈置風

近年來講求自然、樸拙、非量產的手作風十分盛行，除了居家室內佈置，追求田園鄉村風情的風潮，也燒到了園藝佈置這領域。

世界上各國都有所謂的懷舊風、鄉村風，主要可分為美國鄉村風、法國鄉村風、英國鄉村風、日本鄉村風、東方鄉村風等等，無論是真實的古董，或仿舊的新品，以手作、限量、仿古、油漆刷舊、自然感、樸拙美等特色切入，木頭、磚石、琺瑯、馬口鐵等材質製作出各式的盆器、飾板、個性門牌、花園柵欄、庭園桌椅、風鈴、風向器、擺飾品等，都是菜園佈置的好素材，甚至流行素人自行學習簡易的家庭木工，打造木平臺、做些木花架、木柵欄。

這種鄉村園藝風情與居家佈置、手作工藝共同形成都市人療慰心靈、強調人文情感的新表達，相關的佈置風格與流行的雜貨，在本書的案例和附錄有許多資訊供參考。

從陽台菜園 進入鄉村廚房

當你擁有一個種植新鮮蔬菜和香草的小菜園，
可以更進一步思考，
是否能發揮菜園更多的價值，
用自己採收的香草泡香草茶、
用剛離土的蔬菜做沙拉、料理輕食、煮鍋好湯，
享受這份甜美的滋味。

✿ 都市的鄉村生活夢

　　近年來都市的鄉村生活夢，幾乎每兩個人就有一個人有這樣的憧憬。

　　我在四處走訪的美食生活中，偶然發現「草葉集」全新打造的店，正是一個這樣的夢想範本。

　　書香、草香、花香、茶香、美食，有音樂欣賞的角落、定期的藝文活動，歷經幾次轉折，此家店更擴大了「香草廚房」，在花圃採擷香草即可做成香草茶、為義大利麵提增香氣，或作成麵包沾食的醬料，平日香草在陽光下生長，又能帶來視覺享受，尤其在木造的玻璃花房品嘗美食，室內與戶外相互穿透的綠意，壺裡茶香與花圃中新鮮香草互相交織的韻味，點

點滴滴令人嚮往。

❀ 從摸泥土的農夫，到拿鏟子的廚娘

我也能過這樣的生活嗎？

陽台的蔬菜瓜果進入廚房，融入三餐，成為生活中實用的美學，要構築這種生活其實不難，你家陽光最明亮的陽台、窗口就可以開始，買幾個花盆，播灑一些種子，澆水、施肥，她們會漂漂亮亮長大，逐漸翠綠、豐盛、芳香、甜美，菜園終會成為一處擁擠樂園，在廚房裡快樂的切-切-切-切，從摸泥土的農夫，到拿鏟子的廚娘，這真是都市裡最新鮮美味的幸福遊戲。

各式菜園空間架構比一比

*利用既有陽台條件

打造陽台菜園，可以不用動工程，就利用陽台本身的形式與女兒牆高度，這樣的開放式空間空氣流通較佳，但是若剛好為迎風面，則容易受風雨侵襲，必須另外架設防風防雨的塑膠簾以保護蔬果。

注意，女兒牆高度會擋住陽光，而且陽台上方都有遮簷會造成更多陰影，蔬果盆栽若直接擺在地面上太陰暗，生長不良，所以應該利用梯架或庭園桌椅，把蔬菜盆栽架高，整齊排列，使每一盆都有最好的位置來爭取陽光。

*陽台加上採光罩

都市許多陽台都因為防盜或想增加使用空間，而加設採光罩，使陽台成為一個近似室內性質的空間，這樣的環境通風性變差，必須把採光罩上的窗戶都打開，使空氣能流通，光線明亮的有罩式陽台最適合栽種蔬果。若是光線較柔和或每天只有半天日照時間，無法達到整天明亮的條件，則適合栽培一些稍能耐蔭的蔬菜，如山蘇、蕃薯葉、茼蒿、香草、芽菜類；光線太弱的環境勿勉強栽培。

一般架構採光罩的材質可分為金屬與木料兩大類，金屬感較生硬，可以利用油漆來變化感覺，如上白漆、綠漆、黃漆等，要用防雨耐候的油漆種類；木頭搭製的花房最能符合鄉村感，但是一定要選用防腐處理過、品質好的木料，才能耐久，延長使用年限。採光罩可當作美麗的花房來設計，在材料、顏色、樣式上都先作好美感的計畫，以免施工後要再更改就傷財耗時了。

＊陽台、窗台的外掛花架

家裡陽台面積小，要曬衣服，或採光好的面向只有窗戶，沒有陽台空間，那麼可利用釘製外掛花架的做法，在陽台女兒牆外側，或窗戶外架設條形的花槽或鐵架，這樣擺放的蔬果盆栽數量其實也很多，只要有美觀的鐵架外觀，單一盆器不美觀也不用擔心了。

外掛式的花架還有一個好處，能爭取到更充足的陽光與雨露，比內縮的陽台更符合自然環境的條件，惟大風大雨的時候，就如同露地栽培的情形，要暫時把蔬果盆栽移到避風雨的角落，或拉上一排防風塑膠布，減少蔬果枝葉的摧折。

＊屋頂菜園

屋頂菜園可利用的面積最大，而且頂著天，最不用擔心陽光不足的問題，通風也很好。要注意的是，屋頂層都有做防水，或是瀝青油毛氈、水泥磚等材質，夏天非常烘烤，蔬菜最好能架高栽培，簡單的做法是四個角落疊一些磚塊，放上建築工地淘汰的模板即可。

屋頂菜園有兩種做法，一是全面填土式，必須作防水層處理以及排水系統，而且覆土厚度不可過厚，以免土壤載重太重影響建築結構，也不適合種深根性的喬灌木，以免根系生長會破壞防水層，造成維護上的問題。屋頂覆土式的做法比較費工又花錢，可能造成的問題也多，並不鼓勵如此做法。使用盆栽或箱栽方式栽培蔬菜，就簡單多了，規模可以利用箱盆增減來彈性調整，遇到颱風也方便作搬移與架棚的應變處理。

如果是社區的屋頂，可以集合住戶一起打造成社區菜園，大家一起分擔建設費，也能輪流照顧，因為人手比較足夠，能栽培較多種類的蔬果，甚至能發展成社區小菜市，分享有機，增加收益，買下一批種子的經費就有了。

新觀念盆器
栽培蔬果更旺盛

雖然農田處處，
種菜高手雲集，
但是用小小的盆器來種菜，
是另一種挑戰。
有時會發現，
陽光充足，
也照書籍指示澆水施肥，
雖然很細心照顧，
但是有些蔬果還是長不好，
究竟是哪裡出問題呢？
很少有人會想到「盆器」
其實對蔬果的生長扮演了很重要的角色。

✿盆器能「呼吸」，土壤才透氣

市售的塑膠盆、陶瓷盆或是回收的保麗龍箱、蛋糕盒，其實都有一個共通的問題，就是透氣性不佳，但是為了防止土壤水分流失，造成土壤乾枯，過去一直認為只能用不透水的材質來作盆器。

現在出現了一種具有「透氣性」的新盆器，盆器不只是用來裝土而已，這種功能性的新觀念，帶給盆栽園藝法更多的生機──盆器能「呼吸」，土壤才能透氣，蔬果的根部才能更健康，有了健康的根系，蔬果的葉片、果實也才能更旺盛。

同時，這個新研發的「高透氣植栽

箱」也克服了土壤的水可能會外漏的問題，實際使用的成效也很良好，所以此觀念很值得推廣。

❀組合容易，不漏水

栽培蔬果的盆器或栽培箱，需依照家人需求量來決定尺寸數量，通常建議圓盆使用直徑30cm以上，深度20cm以上為一個基本栽培單位，方形條盆或箱子則30cm*60cm，或45cm*45cm左右，視需要再增加單位數。

市面上新推出的透氣性栽培箱，主要特色在於盆器底層有2.5cm的保水層，栽培箱的四個側面15cm高度設有可透氣的細孔，土壤的通氣性能比一般傳統盆器良好，可以讓蔬果更健康的成長，成長速度也會比較快。這項特色可以透過自行在一般盆器側面增加細孔來作仿效果。但要注意孔隙不可太大，以免澆水時土壤外流。

菜園的基本元素就是栽培箱，需要較多的收穫量，就增加箱子的數量，箱子的形狀尺寸如果一樣，這樣菜園會很整齊，播種、澆水與採收時也都會比較方便。

在育材公司推出的栽培箱，除了方便往「橫向擴展」，還能「垂直擴增」，就是將特別設計的栽培箱卸除底板多層堆疊起來，如此就能加深填土深度，栽培一些深根性的根莖類蔬菜或果樹。

這種水平與垂直都能擴增的方式，對於盆栽栽培有如打通任督二脈，可栽培的蔬果種類和成功率越來越高。一般人也可以利用DIY方式學習此法，改造傳統盆器。

❀接桿架高，避蟲害

菜園除了栽培箱，還有一些機能性的配件，視各個栽培環境需要來選

●新研發的「高透氣植栽箱」，通風透氣良好，不怕土壤流失，不會漏水，利用接桿架高，可避蟲害，適合居家種菜。

配，如果打算長時間栽培蔬菜（如整年），通常會需要「防蟲網」與「遮雨棚」。

一般私人農田可以利用鐵棍、竹子加上紗網等方式簡單的組成，育材公司研發的栽培箱四個角落已預留擴建插孔，栽培箱本身可以不斷加長、加寬、加高，也隨時可以接桿搭棚架或蓋上網子來防蟲、防雨，如果從栽培箱下方角落預留孔加接桿子，則是架高作用，有利通風。

6組植栽箱還可以組成一個綠色隧道、迷你溫室，除了實用功能，也創造出菜園的立體景觀，可以說彈性靈活，設想周到。在打造自己的菜園時間，不妨也利用這樣的觀念事先做好「菜園成長規劃」。

過去蔬菜定植在盆器裡，每天澆水，土壤會越來越下陷、越來越密實，相對的，土壤中的空氣就減少了，通氣性也會變差，但是蔬菜成長中已不適合翻動土壤，對於土壤的硬化似乎別無他法。

現在加一點生態觀念，把蚯蚓引進栽培箱，就可以讓土壤常保疏鬆了，蔬果植株的根部會更健康，生長也會更旺盛。

避免土壤流失的小技巧

如果你還擁有一些傳統盆器，只有底部有落水孔，側面都無法通風，也別急著丟，利用一些DIY的技巧加以改良，也能讓蔬果長得更頭好壯壯，簡單的做法是在盆器側面鑽一些孔洞，讓土壤的通風性更佳，但是盆器內層最好繞一層細密的紗網，以防止土壤在澆水時外滲流失。

Part-2

都市菜園入門祕笈

市面上所銷售的容器和道具，式樣琳瑯滿目，
我們必須依照栽培的蔬菜性質，
以及成長後的情況，挑選最適當的產品。
除此之外，要食用的蔬果植物，因為天生美味，難免受蟲蟲覬覦，
不要因為要驅蟲而施用化學殺蟲藥，
殘留在蔬果上最後會落進家人的肚子裡，有害健康。
自己動手調配有機驅蟲配方，
或是在蔬菜間栽培具有驅蟲效果的植物，
就能發揮很好的防蟲作用。

都市菜園與鄉村農田 比一比 ①

大面積種植的農田多位於郊區大自然環境中，
通風良好，空氣清新，陽光普照，
即使陰雨天也不容易有悶濕發霉的問題，
然而若遇到大雨季節不易做保護措施，蔬菜瓜果很可能全軍覆沒，
炎熱的夏季因缺乏遮簷，水分容易蒸發，也必須提高澆水頻率。

陽光與通風

在都市陽台或窗台栽種蔬菜，陽光得視每個住家的採光方位，以及鄰近是否有高樓遮擋陽光，加上陽台有遮簷，所以陽光條件，普遍不如自然露地栽培來得好，儘量選擇家裡採光最明亮的陽台來種菜，栽培蔬果的種類挑選對陽光適應力佳，或是能稍耐半蔭的品種，甚至是室內可栽培的芽菜類，都可提高栽培成功率。

都市陽台的通風不如大自然，夏季時地坪也容易蓄積濕熱，所以加強栽培環境的通風，選擇生長性強健的蔬菜種類，也是很重要的事。用盆栽或

陽台栽培蔬菜，遇到颱風豪雨比較便於防災應變，可以彈性的搬移位置，或是設置小型的擋風擋雨布即可保護蔬菜，這一點，比起戶外露地栽培倒是安全多了。

土壤的深淺與肥料

戶外田野的農地，有自然的土壤，深度較深，土量較大，栽培蔬果作物，根部有寬廣的伸展空間，大量土壤富含的養分和保水性，也能提供植株較多的營養，所以蔬菜能長得健康。都市用盆栽栽培，土量少、土深淺，比不上大自然的土壤條件，適合選擇「淺根性」的蔬果種類來栽培，並且適當補充「肥料」，見盆土流失變少，可每2～4週補一些「有機土」，使根基保持穩固。

蔬菜瓜果喜歡的環境條件

綜合性來說，蔬菜瓜果喜歡的環境，就是越自然越好，觀察自己的住家，哪個陽台、窗台，最符合以下這些條件，就把蔬菜種在那邊：「整天日照時間最長，陽光充足」、「通風良好不悶熱」、「乾濕度適中不過於潮濕」、「不會經常有強風吹襲」的位置。

都市菜園
必備素材 vs. 好用工具

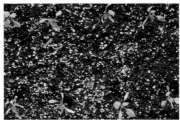

a 播育三大法

（1）種子播灑

有些蔬菜容易發芽，可直接用種子播育，利用市售「穴盤」，每個小穴填土八分滿，撒上幾顆種子，等發芽後選取強健的幼苗，移植到較大的盆器繼續栽培。

（2）現成菜苗

對於忙碌的都市人來說，購買現成的菜苗，可以節省育苗的時間，減少拔除弱苗、移植等工作量，可說省時省力，菜苗直接栽培在較大盆土中，給予充分的日照、水分，即可逐漸成長。

（3）扦插枝條

有些蔬菜可以用插枝法來繁衍，如紅菜、蕃薯葉、川七、薄荷等都是適合用扦插法來繁殖，取生長強健的莖段，約帶有3～4片葉子，主莖和分枝交會處斜插至土裡約5cm以上深度使其發根，過幾週即可再度生長茂盛。

b 栽培素材

（1）使土壤疏鬆透氣的法寶

盆器栽培的蔬果植物，多屬於草本或小灌木，由於盆器能容納的土壤少，營養和水分容易消耗，所以在栽培土的特性上，應注重「保水」、「保肥」、「通氣性」、「排水性」等四項指標，要達到這四項標準必須有多種介質混合而成。

土壤如果都是泥炭土或黏質成分，土壤太密實、太堅硬，且缺乏孔隙涵養空氣，蔬果的根部則無法健康的伸展，上頭的葉片和果實也無法成長良好，所以土壤中需要加入一些介質，使土壤的通氣性、疏鬆性、排水性變得更良好，這些物質常見有椰纖、蛇木屑、蛭石、珍珠石、木屑、稻殼，可取多樣與泥炭土混合使用。

（2）土壤與介質混合比例

一般在園藝資材店販售「蔬果栽培專用土壤」，已經混合了部分的介

質，可直接用來栽培蔬果，如果自己購買分售的大包裝土壤與介質包，或是對於所栽培的作物越來越瞭解，自行調配土壤性質可以參考以下常用的配比：

＊育苗階段土壤：泥炭土50%、椰纖50%。

＊蔬果、香草栽培土：◎配方一：陽明山土70%＋有機土30%。◎配方二：砂質壤土50%＋泥炭苔30%＋細蛇木屑20%。◎配方三：砂質壤土40%＋粗砂20%＋泥炭苔20%＋細蛇 木屑10%＋稻殼炭土10%。

＊多肉植物栽培土：粗砂40%＋腐植土30%＋細蛇木屑10 ％＋蛭石20%。（如栽培蘆薈、石蓮、馬齒莧。）盆土因澆水或風吹逐漸流失減少，可每2週補上一些有機土，使根部穩定不外露。

（3）土壤循環再利用

土壤經過蔬果成長吸收營養，逐漸失去功能性，但是倒掉也很可惜，可以在收成後將剩下的土挖出敲散，平舖在地上，讓陽光曝曬1～2個星期，加入1/3的有機土混合拌勻，即可再用來種菜。

（4）滋養土力的有機肥料

用盆栽栽培盆土量少，營養很快就

消耗掉，定期補些肥料可以增加蔬菜水果的成長速度與收穫量。蔬菜、瓜果要採收的部位不同，使用的肥料也有差異，有葉菜專用的肥料，也有瓜果專用的肥料，在氮、磷、鉀的養分比例上不同。

蔬菜水果都是要吃的食物，肥料上儘量避免使用化學肥，以天然有機肥、古早肥為佳，市售葉菜瓜果「通用型」的有機肥多為顆粒狀或短條粒狀，氮、磷、鉀含量均衡，主要成分，包括植物性與動物性兩種，植物性成分如稻草、稻殼、豆粕、米糠、蔗渣；動物性成分如動物的糞尿排泄、骨粉、蝦蟹殼等。

自製有機肥，要注意在空曠的地方進行，或是利用專門的器材容器來實施，而且必須經過完全醱酵腐熟，才可施用，不然反而會造成蔬果植株的傷害。

（5）施肥使用訣竅

＊成長階段：菜苗或種子發芽後成長1個月，即可施用有機肥。

＊換盆時機：當蔬菜成長茂盛，原本盆器顯小，必須更換盆器以增加土時，可以在新增加的栽培土混入適量的有機肥拌勻，再將蔬菜根球埋入。

＊不宜施肥的時機：植株剛發芽、

扦插的階段，以及正在開花、結果的階段，都不要施用肥料，只要正常澆水、日照即可。

盆器的規格與架設

（1）基本的寬度與深度

栽培蔬果的盆器，最好使用比觀賞植物更寬、更深的尺寸，通常建議寬度或直徑在30cm以上，深度在20cm以上的盆器，這樣可容納的土量較多，蔬果的根部比較能健康成長，植株也比較能生長旺盛，寬大一點的盆器可以栽培較多棵蔬菜，也可保持適當的間距使通風好，好處多多。

（2）必備排水孔

盆器底部一定要有排水孔，市售的塑膠條盆、圓盆都有排水孔，如果是使用保麗龍箱、木箱，需自行在底部鑽孔，大的盆箱可多鑽幾處排水孔，只要在這些排水孔上覆蓋一片紗網即可避免土壤流失。

（3）架高式地板

盆器如果緊貼地面擺放，通風性不夠好，且容易有蟲子侵擾，可用板子或花架架高，如此也能做多層次的擺放， 更有效利用空間，並增加視覺美

感。高架起盆栽的另一個好處是，夏季地坪的熱氣可順利蒸散，不會讓蔬果根部溫度升高而對生長有所損害。

（4）填土七分滿

盆器中填入栽培土不要填太滿，約七分滿為佳，澆水時可以減少土壤被沖出盆外，以免消耗土量又髒污環境，同時內部有一段剩餘空間的盆器高度，有防風作用，嬌嫩的菜苗比較不會受到風吹而折斷。

工具與防護措施

必備工具大點名

◎捲尺、指南針、溫度計

◎土耙與鏟子

◎噴水器

◎有洞盆器

◎防滑膠靴

◎剪刀

◎澆水壺

◎手套

◎培養土

◎發酵完全的有機肥

（1）量測工具：捲尺、指南針、溫度計

要有美觀的菜園，應該和佈置花園一樣事先做空間上的規劃，「捲尺」

是好用的丈量工具，先量好可以擺放蔬菜盆栽的空間尺寸，計畫好要採購多大的盆器，可以擺放多少個，可以種多少種蔬菜，或是每種蔬菜要種幾盆，在澆水和陽光條件的照顧管理上都會比較有系統。

「指南針」是用來測方位，以評斷陽光和風向對蔬菜植株生長可能帶來的影響，如果鄰近沒有高樓遮影，一般以南向、東南向的陽光最充足，北向整天光線都較弱，東向和西向有半天明亮的陽光，但是西向在夏天光線強烈，應有遮簷緩衝。

「溫度計」除了可用來了解四季的氣溫，作為選擇蔬菜種類的依據，也可以在特別的天候，測量出陽台或屋頂的哪一個角落比較溫暖，讓怕寒的蔬果盆栽暫時移放到該處。

（2）理土工具：土耙、鏟子

陽台窗台小型的菜園，只需要小型的鏟子、土耙即可處理土壤，通常市售的工具組多為三支一組，鏟子有寬和窄兩款，寬者可用來盛土填土，窄的鏟子可用來把土鑿鬆。土耙則可把土壤犁成條狀凹槽，方便把土翻鬆透氣，以及整齊的播種。

（3）採收與修剪工具：剪刀

居家栽培的蔬果如果規模不大，修剪枝條或採收時只需要一把專用的園藝剪刀即可，如果栽培蔬菜面積較大，或是一些只採收葉片，要留下根莖繼續再成長的蔬菜，則可用鐮刀割取採收。

（4）澆水器：尖嘴澆水壺、蓮蓬灑水壺、噴霧噴水器

澆水器依噴嘴形式分為三種，尖嘴壺可以準確的把水澆到葉片下的土壤，而不會淋濕葉片或造成果實潮濕腐壞；蓮蓬灑水壺主要可以快速大面積的澆水，或是淋洗葉片上的灰塵，真正傳到土壤上的水量則要打些折扣；噴霧噴水器多用在芽菜類做種子催芽時的保濕。

（5）防風紗網&防雨措施

菜園除了盆器，還有一些輔助性的設施，可以用來作特殊情況的防護，如防風、遮雨、調節陽光、防蟲等，使蔬菜栽培環境條件儘量穩定，可以讓蔬果成長順利、產量增加。

在園藝資材店較常看到的是「低架覆蓋式紗網」、「高架式覆蓋紗

網」、「透明塑膠布矮隧道」、「浮動覆蓋式綠色尼龍網」，有紗網和支架分售的方式，也有整組式的販售，可視自己的菜園規模、情況需求、預算等來決定購買種類，零購配件自行DIY組合比較能隨自己的規模來調整尺寸，購買整組防護設施，看起來比較系統化且方便整齊的收納。就材質來說，塑膠布透氣性較差，適合用來短時間防風防雨，或搭配棚架頂部另設通風設備；紗網類則都有透氣的網眼，如果要具有防蟲功能，要注意網眼是否夠細密，以免小蟲侵入。

驅蟲方式

要食用的蔬果植物，因為天生美味，難免受蟲蟲覬覦，如蝸牛、毛毛蟲、紅蜘蛛、白粉蝶、芽蟲、薊馬、綠刺蛾、螞蟻、粉蝨、粉介殼、潛葉蟲和線蟲等，都是蔬菜瓜果可能遇上的不速之客。不要因為驅蟲而施用化學殺蟲藥，殘留在蔬果上最後會落進家人的肚子裡，有害健康。儘量使用有機驅蟲配方，經常把菜園整理清潔，隨手摘除有小蟲的葉片，勤於清除枯葉、劣果，或是在蔬菜間栽培具有驅蟲效果的植物，就能發揮很好的防蟲作用。

有機驅蟲液配方

＊黏蟲板：使用不同顏色的黏蟲板來捉害蟲，效果看得一清二楚。

＊橘皮液：柑橘皮切碎與清水以1：10比例浸泡一夜，過濾取液體，噴灑受蟲害的葉片或澆入土壤，主要用來對付蚜蟲、線蟲、紅蜘蛛、潛葉蟲等。

＊牛奶：利用牛奶來噴灑植株（過期牛奶也可用），主要是驅趕芽蟲。

＊醋水：米醋與清水以1：400左右的比例噴灑在受蟲害的葉片上，用來防治白粉病、黑斑病、黴菌等病害。

＊肥皂水：粗肥皂與熱開水以1：40左右的比例調拌均勻，等完全融化後過濾成肥皂液，噴灑受害的葉片，用於驅趕螞蟻、芽蟲、蚧殼蟲等。

＊蒜頭液：蒜頭壓碎與清水以1：15的比例浸泡片刻拌勻，過濾後取蒜頭液噴在受蟲害的葉面，用來驅除螞蟻、線蟲等。

＊生薑液：薑切片或切碎，與清水以1：20的比例浸泡6小時，過濾後噴灑在受蟲害的葉面，驅趕蚜蟲、螞蟻、紅蜘蛛、潛葉蟲等。

＊辣椒液：紅辣椒切碎與清水比例1：10浸泡片刻，過濾出清澈辣椒水噴灑受蟲害葉面，驅趕紅蜘蛛、蚜蟲、粉介殼蟲等。

＊栽培時令蔬菜：栽培適合當前季節播育的蔬果，這些當季植物本身對氣候適應力好，抗病力也會比較強，而且生長較快速，蟲害的問題會較少。

＊氣味濃郁的蔬菜：有些蔬菜氣味濃郁，昆蟲不喜歡接近，如蕃薯葉、川七、紅鳳菜、人蔘草、蘆薈、A菜、萵苣等，營養成分對人體非常有益，但蟲蟲不懂得品嘗，真是太好了。

＊刺激性驅蟲植物：如迷迭香、九層塔、薄荷、辣椒、蔥、薑、韭菜、金盞花、萬壽菊等蔬果，都是帶有刺激性的奇特氣味，昆蟲不喜歡接近，在其他的蔬菜之間混合栽培一些這類蔬果，可以減少蟲害。

＊成熟蔬果儘快摘：已經長成的蔬菜或瓜果，要趕快採收，避免昆蟲覬覦，腐熟味很容易滋生許多病菌。

＊保持菜園清潔：盆栽擺放整齊，底部避免積水，破爛菜葉、雜草要隨手摘除，生病的菜株要進行隔離治療或燒毀，這些都是減少病蟲細菌的基本工作。

保護自己的用具——工作手套、防污圍裙、防滑膠靴

用有機天然的方法栽培蔬果，只會接觸到土壤、水、有機肥，完全沒有化學成分，所以其實不用擔心誤食農藥或化學物質的問題。維護工作結束後，只需用肥皂洗洗手，即可保持清潔。所以小孩也可一起親近自然，成為有機耕耘的小小都市農夫。手部皮膚比較敏感的人，栽種和整理菜園時可以戴上工作手套；如果擔心衣服弄髒，可以穿上圍裙擋泥水；如果你有一片屋頂花園或租來的市民農園，又深又鬆的土壤可能會讓你的鞋子髒污，準備一雙防滑膠靴，把褲管塞進去，就可以安心的下田去啦。

專家熏戰經驗
必學6條通

栽培蔬果可以看書學理論，
但是有一些訣竅、細節，需靠實際經驗的累積才能習得，
所以多向老手農人請教，一定可以增強你的種菜功力。

以下六點可以說是擷取自種菜老手的智囊補充包，把經驗談與理論知識一起融會貫通，就可以減少初入門的摸索期，成功培育你的蔬果盆栽。

挑選優質種子、菜苗

優質的種子發芽率才高，健壯的菜苗才能長成旺盛的植株，不要有「壞竹出好筍」的期待，通常這會浪費更多耕耘的時間和力氣，又白白打擊自己的信心。

到信譽良好、人潮旺的種苗資材店購買菜苗、種子，而且避免買經過化學藥劑處理以及放射線照射過的種子，現在許多進口的種子為了抑制細菌，多經過類似處理，雖抑制了細菌，但種子本身能量也受到損害，所以發芽率很低，購買時要特別確認清楚。

發芽快速的種子，也表示本身能量

較高，這樣的種子長大成蔬菜，對人體健康才能有所幫助，這個觀念是非常重要的。

種子的簡單消毒法

有些專業的栽培者，建議將種子作一番消毒後再播種，可以降低種子表面的細菌，讓種子順利的發芽苗壯。做法是將種子放在50℃左右的溫水裡浸泡20～30分鐘，然後用冷水泡洗後，再行播育。

此道手續對於居家種菜的人來說並非必要的步驟，如果水溫太高也可能破壞種子的生長機能，如果要施行最好準備溫度計測水溫。只要購買當季適合播種的蔬果種子，挑選形狀飽滿勻稱的良品，在栽培時注意環境衛生，也可以省略此溫湯消毒的步驟。

強健易栽的蔬菜品種推薦

都市居家栽培蔬菜，受限於環境條件，又在乎成功率，最好選擇本身體質強健、蟲害少的種類，如蕃薯葉、紅鳳菜、川七、人蔘菜、萵苣、茼蒿、A菜、油菜、莧菜、空心菜、蘆薈、九層塔、蔥、韭菜、紫蘇、迷迭香、薄荷等香草類，都適合入門者來栽培。

可多次採收的實惠蔬果

果樹類多可栽培多年，結果每年可一收或兩收，如四季金桔甚至終年結果絡繹不絕。芽菜類中的豌豆苗播種一次也可反覆採收3～4回。

葉菜類不用一次拔起，可留著根頭和枝芽葉片繼續分生的品種，如蕃薯葉、A菜、紅鳳菜、青江菜、韭菜等，可邊採收邊繼續生長，這些都是經濟實惠的蔬果，為求經濟效益可以多選用。

育苗與成功後的移植

農田裡直接播種的蔬菜，比較沒有移植的問題，然而都市裡用小盆器栽培，移植技巧需要好好學習。

首先將泥炭土＋椰纖1：1比例混合，填入穴盤約八分滿，每個穴播灑數顆種子，以小型澆水器澆透土壤，蓋上紗布或報紙，等發芽後再移開遮蓋物，移到陽光充足、通風的環境，每天澆水，等長成3～4片葉子的幼苗，選取生長健康的菜苗，移到較大的盆器，動作要輕柔，小心不要傷到根部。

這個步驟也叫做「定植」，每株特別選出來的菜苗，彼此要保持適當的間距，以利成長時有足夠的空間。

ƒ 颱風前後的因應措施

台灣特別的氣象就是夏秋之際可能會經歷幾次的颱風,露地農田遇颱風總是損失慘重,市場菜價也會跟著上揚。自家陽台栽培蔬果這時候倒是問題較小,只要陽台開口處作好防風防雨的遮布,即可保全蔬菜,惟颱風期間陽光弱,難免影響蔬果生長,但只是短期現象,不用太擔心,倒是遮風蔽雨時也要注意不可過於悶濕,趁風雨稍歇時打開遮布,讓空氣多流通一下。若屬於屋頂菜園,則必需架設堅固的防風防雨設施,可搬移的蔬菜盆栽要搬移到屋簷下或角落的位置。窗外外掛花架上的菜盆為避免遭颱風颳落,也最好暫時移放陽台地面上。以下幾點是颱風天的菜園保衛戰叮嚀,最好要確實做到。

菜園保衛戰叮嚀

* 菜園本身應具備良好的排水設施,避免遇到大風大雨就積水。
* 已知颱風可能形成,暫時不要再播種或買菜苗。
* 隨時注意氣象,瞭解颱風可能帶來的威脅程度。
* 檢查防風防雨設施是否牢固,有鬆動或破損處及早補修。
* 已長七、八成大的蔬菜可先搶收,以免泡水或因悶濕而損失。
* 細弱的蔬果植株要加上支架和繫繩扶撐,以免被風吹折。
* 颱風過後即刻整理菜園,去除爛菜爛株,避免細菌滋生,
* 流失的土壤重新培土, 趁著土壤還很潮濕,正好可以利用來播育新種子。

輪種的地力恢復

一片田地，作物收成後，要休耕一段時間，翻翻土，曬曬太陽，再度播種時，不宜再種和上一次相同的蔬果，這是為了讓土壤中的某些被消耗的養分，不要再固定的繼續被同種作物消耗掉，否則蔬菜會變得生長不良，體弱多病，病蟲害受害情況會變嚴重。

用盆栽種菜的道理也是一樣，一盆土種過一種蔬果，收成後，該盆土就需要做地力恢復的養護工作，倒出來曬曬太陽，加些新土拌勻，可再利用栽培其他種類的蔬果。

春夏秋冬節氣玄機

台灣自六十年代由農業社會跨入工商社會，再進而進入科技時代，多數人也由鄉村生活轉變為都市化生活，環境變了，生活節奏變了，和自然的關係越來越脫節。利用栽培蔬菜的園藝活動，重新學習認識大自然、配合季節性來過生活，栽培有機作物來維護健康，不失為都市人最有意義的休閒活動。

該如何找回自然的規律，老祖先的「農曆節氣」裡頭，有很多寶貴的經驗累積，對於季節特性、各月適合栽培的蔬果種類都有記載，可以多多查閱當作參考。

以農曆月份來看，各個季節都有代表性的蔬菜，有句歌謠這樣唱：

正月蔥，二月韭，三月莧，

四月蕹（空心菜），五月匏，六月瓜，

七月筍，八月芋，九芥藍，

十芹菜，十一蒜，十二白。

很有意思吧！其實每個月份不只一種蔬菜，可以栽培的種類很多，而且有些蔬菜一年四季都能種植，對氣候的適應能力很厲害。

參考農民曆，再到種苗資材店看看推出的菜苗、種子種類是否符合，一來增廣見聞，二來可以多瞭解幾十年來台灣的氣候溫室化，以及農業改良技術的發達，對於蔬菜作物種類起了多少變化。

以下列出各月份蔬果清單供參考，現代的蔬菜沒有絕對準確的季節菜，台灣北、中、南的氣溫也略有差異，

同一種蔬菜播種栽培的時機，可能會因為地理位置和氣候而差一兩個月，這些都是正常的現象。

（1）全年可栽種的種類

農業技術與品種改良之下，許多蔬菜種類的季節性變得不太明顯，有些蔬菜一年四季幾乎都可栽培與採收。

（2）春季菜園

春季包含立春、雨水、驚蟄、春分、清明、穀雨六個節氣。時節約為國曆三、四、五月。

（3）夏季菜園

夏季包含立夏、小滿、芒種、夏至、小暑、大暑六個節氣。時節約為國曆六、七、八月。

（4）秋季菜園

秋季包含立秋、處暑、白露、秋分、寒露、霜降六個節氣。時節約為國曆九、十、十一月。

（5）冬季菜園

冬季分為立冬、小雪、大雪、冬至、小寒、大寒六個節氣。時節約為國曆十二、一、二月。

全年

全年可栽種種類

黃豆芽、綠豆芽等多種芽菜類，小白菜、青江菜、地瓜葉、紅鳳菜、空心菜、萵苣菜、菠菜、芥菜、芥藍菜、莧菜、油菜、過貓蕨菜、水芹菜、珍珠菜、水應菜、山蘇、高麗菜、包心白菜、花椰菜、小黃瓜、大黃瓜、白蘿蔔、白玉米、甜玉米、玉米筍、菜豆、敏豆、毛豆、南瓜、蕃薯、芋頭、青蔥、韭菜、韭菜黃、大蒜、蒜頭、紅蔥頭、辣椒、老薑、芹菜、九層塔、香菜、巴西利、菇類。

春季

3月播育種類

萵苣、菊苣、吉康菜、薺菜、結球萵苣、茼蒿、龍鬚菜、山芹菜、球莖甘藍、大心菜、包心芥菜、胡蘿蔔、櫻桃蘿蔔、馬鈴薯、荸薺、栗子、洋蔥、牛蒡、豌豆、皇帝豆、蠶豆、桂竹筍、箭竹筍、春筍、豌豆苗、大蔥、珠蔥、青蒜、粉薑、茴香、茄子、番茄、甜椒、馬齒莧。

4月播育種類

萵苣莖、球莖甘藍、大心菜、芥藍、茼蒿、山芹菜、菊苣、紫蘇、胡蘿蔔、馬鈴薯、洋蔥、春筍、麻竹筍、綠竹筍、牛蒡、荸薺、豌豆、皇帝豆、桂竹筍、越瓜、粉薑、茄子、番茄、絲瓜、甜椒、馬齒莧。

5月播育種類

球莖甘藍、山芹菜、紫蘇、大心菜、皇帝豆、花豆、筊白筍、麻竹筍、綠竹筍、粉薑、桂竹筍、越瓜、荸薺、茄子、番茄、絲瓜、甜椒、馬齒莧。

6月播育種類

空心菜、小白菜、莧菜、過溝蕨菜、黃秋葵、越瓜、荸薺、白蘆筍、筊白筍、麻竹筍、綠竹筍、蓮藕、蓮子、破布子、紫蘇、苦瓜、絲瓜、玉米、茄子。

7月播育種類

空心菜、小白菜、莧菜、過溝蕨菜、皇宮菜、破布子、紫蘇、金針花、白蘆筍、麻竹筍、綠竹筍、蓮藕、蓮子、筊白筍、黃秋葵、越瓜、苦瓜、絲瓜、玉米、茄子。

8月播育種類

空心菜、小白菜、莧菜、過溝蕨菜、水芹菜、皇宮菜、龍鬚菜、紫蘇、黃秋葵、金針花、白蘆筍、麻竹筍、筊白筍、綠竹筍、蓮藕、蓮子、越瓜、栗子、玉米、茄子、苦瓜、絲瓜。

9月播育種類

龍鬚菜、黃秋葵、金針菜、皇宮菜、水芹菜、白蘆筍、麻竹筍、綠竹筍、筊白筍、蓮藕、蓮子、越瓜、菱角、栗子、蕃茄、甜椒、馬齒莧。

10月播育種類

茼蒿、球莖甘藍、結球萵苣、包心芥菜、皇宮菜、山芹菜、吉康菜、薺菜、黃秋葵、白蘆筍、筊白筍、麻竹筍、綠竹筍、蓮藕、荸薺、菱角、山藥、落花生、茴香、皇帝豆、豌豆、番茄、甜椒、馬齒莧。

11月播育種類

芥藍菜、茼蒿、包心芥菜、豌豆苗、結球萵苣、菊苣、吉康菜、薺菜、山芹菜、黃秋葵、花豆、豌豆、皇帝豆、鵲豆、球莖甘藍、茴香、櫻桃蘿蔔、菱角、荸薺、落花生、山藥、冬筍、番茄、甜椒、馬齒莧。

冬季

12月播育種類

油菜、菠菜、芥藍、球莖甘藍、山芹菜、結球萵苣、菊苣、吉康菜、薺菜、豌豆苗、茴香、萵苣、包心芥菜、胡蘿蔔、馬鈴薯、白蘿蔔、櫻桃蘿蔔、洋蔥、荸薺、粉薑、豌豆、花豆、皇帝豆、鵲豆、落花生、冬筍、箭竹筍、山藥。

1月播育種類

油菜、菠菜、茼蒿、菊苣、吉康菜、豌豆苗、球莖甘藍、大心菜、結球萵苣、包心芥菜、芥藍、茴香、蕪莖、櫻桃蘿蔔、白蘿蔔、胡蘿蔔、馬鈴薯、洋蔥、大蔥、珠蔥、青蒜、冬筍、荸薺、萵苣莖、粉薑、豌豆、花豆、鵲豆、蠶豆、皇帝豆、落花生、箭竹筍、山藥。

2月播育種類

油菜、菠菜、萵苣莖、結球萵苣、球莖甘藍、大心菜、包心芥菜、茼蒿、茴香、龍鬚菜、胡蘿蔔、白蘿蔔、馬鈴薯、洋蔥、珠蔥、大蔥、青蒜、粉薑、豌豆、皇帝豆、落花生、荸薺、豌豆苗、蕪莖、櫻桃蘿蔔、箭竹筍、菊苣、吉康菜、薺菜、牛蒡、冬筍。

Part-3

﹛十種陽光活力葉菜﹜

維生素和纖維質豐富的葉蔬菜，
是家常料理最基本的青菜類，
台灣葉菜品種原本就很豐富，
加上品種改良，
更加繁多，
隨著季節變化出產的葉菜，
幾乎每天可以吃到不同種類的蔬菜。
然而在市場上買菜，看起來碩美翠亮，
卻又擔心是否農藥殘留，
有地方自己栽培，
就能放心的吃了。

葉菜栽培 め叮嚀

*適用盆器：

1.葉菜類本身含水分多，烹煮後體積會縮小，所以要栽培到足夠家人食用的量，通常建議小型蔬菜如茼蒿、青江菜、小白菜、莧菜等，每種蔬菜種10棵以上，中大型蔬菜如萵苣、芥菜、高麗菜等，每種栽培4棵以上，否則栽培過少若再加上有部分生長不良，會有「欠收」、「不夠吃」的情況。若需要較大的盆器以便栽培多棵，使用「長條盆」、「方形盆」或大箱子類，直徑較大的圓盆亦可。視家庭需求量決定增加盆數。

2.如家庭有庭園或屋頂花園較大的栽培空間，也可在地面做好防水層與排水系統，填土來擴大栽培。

*園藝工具：

育苗軟盆、尖嘴澆水壺、蓮蓬灑水壺、鏟子、鐮刀或園藝剪刀、遮蟲防風紗網罩組。

*栽培土壤：

2/3陽明山土加1/3有機土混合均勻，澆水造成土表逐漸流失，可每2週補上一些有機土穩固蔬菜的根基。

*肥料使用：

每個月施用有機肥。

*採收原則：

有些葉菜長成後全株採收，可一把握住葉叢基部向上拉出；有些葉菜可多次生長，只割取土表上方的葉片，留著根頭短莖會繼續發新葉，可多次收成。

別名 蕃薯葉、甘藷葉。 學名 Ipomoea batatas。
科屬 旋花科牽牛花屬多年生蔓性植物。
料理用途 氽燙淋醬、加大蒜炒食、煮蔬菜湯皆宜。

健康祛病

地瓜葉

Ipomoea
batatas

地瓜和地瓜葉，對現代人都是養生的好蔬菜，而且栽培容易，成長蔓延性快，在地面栽培很有綠化效果，盆栽可選寬一點的盆器，採收量也可增加。地瓜葉種類很多，有三角、圓形、掌叉形，葉色上有翠綠、墨綠、白綠、紫紅、褐紅等多樣品種，形狀與顏色皆不同，口感風味也各有差異，一次多栽培幾種，每箱不同，也能為菜園帶來裝飾效果。

栽培備忘錄

■ **栽種季節** 一年四季皆可，夏至秋季尤盛。
■ **土壤** 半砂半土混合，栽種前加入有機土。
■ **栽培方式** 插枝栽培，斜插入土5公分。
■ **採收期的時間** 約30～45天可採收。

播育與栽培

■ **播育法**／栽培地瓜葉需用扦插方式，盆土深20cm以上，在春至秋季，取幾段帶有2～3片葉子的粗壯莖節每段約15cm，斜插進土裡約5cm深，莖段和葉柄交會處要插入土裡2cm以上的深度，每隔20cm插一支。

■ **盛產期**／一年四季皆可生長，夏至秋季生長最旺盛。

■ **採收部位**／扦插後約40天生長茂盛，取蔓莖前端的嫩莖嫩葉，留下主莖和幾個莖節葉量，繼續發葉生長，反覆採收多次，直到植株生長情況變差，即可翻除重新再插枝栽培。

營養補給

地瓜葉含有豐富的纖維、維生素A、B$_1$、B$_2$、C、纖維質、鈣、磷、鐵、葉綠素、菸鹼酸等成分，有助於促進新陳代謝、淨化血液、清潔腸道、提增免疫力、防癌、婦女產後食用有增進乳量的助益。

陽台栽培有一套

地瓜葉喜歡日照直射或明亮處，每天的日照時間需長。土壤選用疏鬆、排水性良好的砂質壤土為佳，或用一般栽培土加1/3有機土混合使用。每日澆水1～2次，天氣熱水分易蒸發，每天需早晚澆水，避免菜葉枯萎。如果使用的盆器大，土量豐富，可不用施肥，在每次大採收後若施用有機肥，可以讓第二次採收量更豐盛。

別名 紅菜、綠面紅背。　學名 Gynura bicolor（Willd）DC。

科屬 菊科三七草屬多年生草本植物。

料理用途 汆燙淋醬、煮湯、加薑片炒食、加麻油炒食都是滋補的吃法。

補血養氣

紅鳳菜

紅鳳菜是葉菜少有的紅色蔬菜，葉片正面墨綠色，葉背紫紅色，莖也是紅綠色，煮出來的菜汁也是紫紅色，非常特別，而且具有獨特的濃郁香氣，野性十足，自古即是補血養氣的食療級蔬菜。紅鳳菜全株顏色深暗，與其他鮮亮翠綠的蔬菜相比頗有神秘感。品種上有大葉種、小葉種，有青梗、紅梗等不同品種之分，都具有滋補作用。

栽培備忘錄

■ **栽種季節** 一年四季皆可，夏至秋季尤盛。
■ **土壤** 半砂半土混合，栽種前加入有機土。
■ **栽培方式** 插枝栽培，斜插入土5公分。
■ **採收期的時間** 約30～45天可採收。

播育與栽培

■ **播育法**／栽培紅鳳菜需盆土深20cm以上，在春至秋季用扦插方式來培育，取幾段帶有2～3片葉子的粗壯莖節，斜插進土裡約5cm深，莖段和葉柄交會處要插入土裡5cm以上的深度，每株間隔20cm。栽培至可採收約40天。

■ **盛產期**／春、秋季生長最旺盛。

■ **採收部位**／以採收嫩莖嫩葉為主，首次先採收1/4的量，勿一次摘盡，每隔半個月可再採收1/3的量，如此採收多次，見植株生長情況變差，即可翻除重新再插枝栽培。紅鳳菜長得太高大葉片較老，所以趁低矮時比較鮮嫩就趕快摘嫩莖嫩葉，從頂部往下摘採，保留植株約1/3的高度，可促進側枝繼續生長且生長茂盛，避免徒長高度。

營養補給

紅鳳菜含有豐富的鐵質、鈣、磷、蛋白質和維生素A、B1、B2、C等營養成分，能補氣養血、促進血液循環、促進發育、改善體質虛冷、溫補身體，能養顏美容，使氣色紅潤。

陽台栽培有一套

紅鳳菜可接受半日照或陽光較溫和的環境，若能栽培在日照時間長、整天都很明亮的位置，可以生長得更健康漂亮。栽培以肥沃的腐植土為佳，翻鬆混合一些有機土再插枝栽培。每日澆水1～2次，避免土壤乾燥。可每個月施用1次有機肥。

別名 鵝仔菜、窩仔葉。 **學名** Lactuca sativa L.。
科屬 菊科萵苣屬草本植物。
料理用途 生菜沙拉、炒食、煮湯、燴煮風味皆美。

鮮脆多汁

萵苣葉

Lactuca sativa L.

萵苣是個大家族的蔬菜種類，不同種的葉片與整棵菜形差異都很大，有的菜葉狹長、有些品種則葉片寬圓或邊緣有波浪齒狀，也有結球的品種，市面上常見如劍葉萵苣、廣東萵苣、彩葉萵苣、菊苣、波士頓萵苣、結球萵苣等，而一般說的萵苣葉，就是指「窩仔菜」，主莖短葉片長，葉叢茂盛。

萵苣家族共同的特色，是莖葉都含有豐富水分，看起來鮮嫩透亮，吃起來爽脆甘甜，是很受喜愛的葉菜，有機栽培可以生吃。萵苣開花也很可愛，可以留一株讓它長高，欣賞它開的小花。

栽培備忘錄

■ 栽種季節 一年四季皆可，夏至秋季尤盛。
■ 土壤 半砂半土混合，栽種前加入有機土。
■ 栽培方式 插枝栽培，斜插入土5公分。
■ 採收期的時間 約30～45天可採收。

播育與栽培

■ 播育法／萵苣葉適合用種子來栽培，先將種子泡水6小時，剔除雜質和不完整的種子，把挑好的種子均勻施灑在盆土上，等長出3～4片葉，選擇較健康到大盆器中定植，每株間距15～20cm以利成長。盆土深20cm以上，春、秋、冬皆可播種栽培。播育至可採收約40天。

■ 盛產期／一年四季都可生長，春、秋、冬季生長最旺盛。

■ 採收部位／採收主要取葉叢，當葉叢生長茂盛，即可整株拔起，切除根部，如果主莖長得較高，質地鮮嫩，主莖也可食用。

營養補給

萵苣葉含有維生素A、B$_1$、B$_2$、C、醣質、蛋白質、鈣、磷、鐵、纖維質及豐富水分，能生津開胃、促進代謝、促進生長發育、利尿、抗老化、預防便秘、產婦食用可促進乳量。

陽台栽培有一套

萵苣喜歡日照明亮溫和的環境，若夏季栽培，應設立適當的遮簷避免烈日長時間直射。土壤選用肥沃、排水性良好的有機腐植壤土為佳。每日澆水1～2次，避免土壤過於乾燥。採收時間短，且整株採收，可不用施肥。

別名 大菜、長年菜。 學名 Brassica juncea（L.）。

科屬 十字花科蕓苔屬草本植物。

料理用途 炒食、燉雞湯、燉排骨湯、醃漬做醃菜。

鹼性好蔬菜

芥菜

Brassica juncea(L.)

芥菜算是較大型的葉菜，葉片大又長、葉色濃綠、葉緣多呈波浪狀，葉片中央的葉梗寬大厚實，也是吃起來很美味可口的部分，吃了很有飽足感。芥菜的品種多，有大芥菜、小芥菜、厚肉種之分，小芥菜苦味較重，大芥菜則是中國過年喜歡煮的「長年菜」。呈結球狀的品種是包心芥菜，又叫做包心刈菜，主要食用肥厚的葉柄；另外也有品種專門用來做雪裡紅，是台灣著名的下飯醃菜。

栽培備忘錄

- **栽種季節** 秋季至冬季最佳。
- **土壤** 以腐植土為佳。
- **栽培方式** 以播種方式栽培。
- **採收期的時間** 約50～60天可採收。

播育與栽培

■ 播育法／芥菜適合用種子栽培，等發芽長出幾片葉子後，將生長健壯的菜苗移到較大的盆栽，因為成長後植株大，間距要留約30cm比較充足，圓盆可一盆栽一棵。栽培至可採收約60天長成。

■ 盛產期／秋至冬季生長最旺盛。

■ 採收部位／整株採收，可以小心整株拔起，或是割下土壤上整個葉叢，趁鮮脆未枯萎前就要趕快收割。

營養補給

芥菜是很好的鹼性蔬菜，含有維生素A、B₁、B₂、C、纖維質、鈣、磷、鐵、葉綠素、菸鹼酸等成分，有清血利尿、降火氣、穩定血壓、除油脂、美化皮膚、清潔腸道、預防便秘等助益。

陽台栽培有一套

芥菜喜歡日照明亮，或是至少上午有半天日照的環境。土壤選用肥沃、排水性良好的腐植土為佳。每日澆水1～2次，土壤勿過度乾燥。每個月可施用1次有機肥促進生長。

別名 白菜、土白菜。 **學名** Brassica chinensis L.。
科屬 十字花蕓苔屬一年生草本植物。
料理用途 清燙、炒食、煮湯、炒麵等。

老少咸宜

小白菜

Brassica chinensis L.

小白菜滋味甘甜，口感鮮嫩，是小朋友最容易接受的葉菜，也是台灣最家常的蔬菜代表。鮮黃嫩綠的顏色，在菜園裡能帶來欣欣向榮的景象，而且成長快速，有成就感，很適合新手農夫來栽種。小白菜的種類有大、小棵和葉色的差異，如土白菜、黃金白菜、奶油白菜、廣州白菜等品種，買種子的時候可以詢問清楚，混合種多樣的小白菜來種植也不錯。

栽培備忘錄

- **栽種季節** 一年四季皆可。
- **土壤** 半砂半土再混合有機肥。
- **栽培方式** 以播種方式栽培。
- **採收期的時間** 約20天可採收。

播育與栽培

■ 播育法／小白菜適合用種子栽培，土深20cm以上，在春至秋皆可播種，等長出幾片葉，選擇強健的菜苗繼續栽培，每棵間隔15cm，其他拔除的可以當芽苗來品嘗。栽培至可採收約20天即成。

■ 盛產期／一年四季皆可栽培，春、秋兩季最適合播種。

■ 採收部位／成長約20～30天生長茂盛，較大棵的即可先採收，整棵拔起，去除根部即可食用。

營養補給

小白菜是溫潤的蔬菜，含有蛋白質、維生素A、C、醣、鈣、磷、鐵、纖維質等成分，有助於生津開胃、順氣除躁、促進新陳代謝、幫助消化、提增免疫力。

陽台栽培有一套

栽培小白菜適合日照明亮充足，全天都可以接受陽光照耀的環境最佳。使用排水良好的砂質壤土，可混合部分有機土增加肥力。每日澆水1～2次，用灑水壺輕輕淋灑，或尖嘴壺直接澆水至土上，避免沖損菜葉。因為栽培時間短可快速採收，不用施肥。

別名 結球甘藍。 學名 Brassica oleracea。

科屬 十字花科。

料理用途 放入蒜頭、櫻花蝦爆香，加入高麗菜葉大火快炒。

脆口
有嚼勁

高麗菜

Brassica
oleracea

高麗菜原產於歐州、地中海一帶，荷蘭據台時引入。植株有一粗壯主莖，當葉片長到10葉左右，會開始由內而外長出多層心葉，並且呈包捲狀結成葉球，由於現代人喜歡細嫩口感，所以也可以專門培育高麗菜芽。

栽培備忘錄

■ **栽種季節** 一年四季皆可，春、秋兩季最適合播種。
■ **土壤** 砂質土或黏質土皆可，土要厚深約60公分。
■ **栽培方式** 播種或菜苗栽培皆可。
■ **採收期的時間** 約60天可採收。

播育與栽培

■ **播育法**／準備種子、播種用培養土、育苗穴盤，3號軟盆，使用容易進行發芽管理的軟盆來播種，以1公分深播下5～6粒，覆上薄土，長出1～2片本葉時，保留1株進行疏苗，長出4～5片本葉後，以40公分左右的間隔，移植到準備好的盆器上。

■ **追肥聚土**／移植後20天，施予第1次追肥，施肥後在植株基部聚土，第1次施後第25日進行第2次追肥，第3次追肥則是在一開始結球時進行。

■ **盛產期**／結球後一個月即可採收，一年四季皆可栽培，春、秋兩季最適合播種。

■ **採收部位**／球變大，變結實就可採收。撥開外葉，用菜刀從球的基部切下，採收延宕就會開花，務必適時採收。

營養補給

營養價值方面，除了維他命C之外，也含有大量可預防胃或十二指腸潰瘍效果的維他命U，豐富纖維質，有幫助消化、排除宿便的功效。

陽台栽培有一套

移株後必須找深60公分以上的大盆，每隔50公分挖一穴，種下菜苗後將土往根部堆攏到最底葉部，最初幾天，要早晚澆水，讓苗的根部充分吸收到水分。

別名 湯匙菜、花瓶菜。 學名 Brassica chinensis（L. cv. Ching-geeng）。

科屬 十字花科蕓苔屬草本植物。

料理用途 汆燙淋醬、快炒、勾芡燴菜、煮湯、做成餃子餡、盤飾等用途。

盤飾高手

青江菜

Brassica chinensis (L. cv. Ching-geeng)

青江菜的特色在於莖部寬大厚實，而且呈向外鼓起的模樣，整棵形狀很可愛，就像胖胖的花瓶插滿了綠意的葉片，所以也稱「花瓶菜」，除了炒食之外，也常被作為擺盤裝飾的蔬菜。青江菜含有豐富水分，吃起來很爽口，秋、冬之際生長最旺，正是品嘗青江菜的美味季節。

栽培備忘錄

■ **栽種季節** 秋、冬兩季最適合播種。
■ **土壤** 排水良好的腐植壤土。
■ **栽培方式** 播種方式栽種。
■ **採收期的時間** 約30～40天可採收。

播育與栽培

■ **播育法**／青江菜適合以播種方式來培育，盆土深20cm以上，等長成菜苗，選取強健的繼續栽培，間隔20cm，其餘弱苗可先拔起食用。栽培至可採收約30天。

■ **盛產期**／秋至冬季生長最旺盛。

■ **採收部位**／全株採收，可用鐮刀割取土面上的葉叢，莖葉都可食用。

營養補給

青江菜含有豐富纖維、維生素A、C、鈣、磷、鐵、醣等營養素，有助生津開胃、保護眼睛、美化皮膚、促進新陳代謝、提增免疫力。

陽台栽培有一套

青江菜的栽培位置，最好是日照直射、全天日照時間長的環境，生長最旺盛。土壤選用肥沃、疏鬆、排水性良好的腐植壤土為佳。每日澆水1～2次，保持土壤穩定的溼度，不可過於乾燥。因為成長快速，可不用施肥。

別名 山翅菜、鳥巢蕨。 學名 Asplenium antiquum Makino。
科屬 鐵角蕨科鐵角蕨屬多年生草本植物。
料理用途 清炒、炒臘肉或山豬肉、加破布子、豆豉、小魚乾同炒風味絕佳。
盆栽綠意盎然，很具美化效果，另可當插葉材做花藝設計的搭配。

野食山美

山蘇

Asplenium antiquum Makino

山蘇是在台灣山林之間很容易看到的一種蕨類。葉片寬長、邊緣有波浪狀，葉片叢生向外放射狀展開，可以寄生在蛇木或大樹椏上，看起來像是一個大鳥巢，因此也稱為「鳥巢蕨」，這種常見的山林植物，是原住民的蔬菜，對於都市人則是新興的野菜，吃起來爽脆鮮美，在山產店點菜率很高。陽光不強烈甚至帶點陰暗的陽台栽培都行，只要固定澆水，不用特別照顧也能生長旺盛，而且葉叢翠綠，葉面又大，綠化效果很好。山蘇花的種類有山蘇花、台灣山蘇花、圓葉山蘇花、南洋山蘇花等品種。

栽培備忘錄

■ **栽種季節** 一年四季皆生長良好，夏季生長最旺盛。
■ **土壤** 含有蛇木屑、泥炭土、腐植土混合，排水性良好的土壤。
■ **栽培方式** 直接購買小苗。
■ **採收期的時間** 約80天可採收。

播育與栽培

■ 播育法／山蘇用孢子繁殖，初栽培可直接購買小苗，盆土深10～15cm即可，隨成長調整間距，成熟的大山蘇可能寬達1公尺以上。從幼苗至旺盛約80天。
■ 盛產期／一年四季皆生長良好，夏季生長最旺盛。
■ 採收部位／等葉叢生長至20片以上再陸續採收，可用剪刀或折斷的方式取尖端還捲曲的淺綠色嫩葉，吃起來最鮮美。由於每株僅採嫩芽葉，如果食用量大，可多種幾盆來增加嫩芽量。

營養補給

山蘇含有豐富的碳水化合物、粗蛋白、鈣、磷、錳、鐵、鈉、鉀、硫、鎂、鋅、維生素A、C、E、纖維質等，營養相當豐富，對於淨化血液、控制膽固醇、避免痛風、利尿、預防糖尿病有助益。

陽台栽培有一套

山蘇可以適應光線較蔭庇的環境，有遮簷或能照到半天陽光的位置最適合栽培，水池邊濕氣重的環境也不錯。栽培山蘇需要的土量少，不用常換盆，喜歡含有蛇木屑、泥炭土、腐植土混合、排水性良好的土壤。每日澆水1次，保持土壤濕潤，避免過度乾燥。不用刻意施肥即可生長旺盛。

別名 龍角。 學名 Aloe vera。 科屬 百合科多年生肉質植物。

料理用途 搭配沙拉、甜點、甜湯、飲料、湯品做健康吃法，另外植株造型特殊，
且具有療效，也用於盆栽美化、外敷治傷、鎮靜消炎、滋潤美膚等用途。

新手
易高手

蘆薈

Aloe vera

肥肥厚厚的蘆薈，葉體充滿水分和營養的黏液，也是讓人皮膚水嫩白細的天然美容材料，剝去蘆薈的葉皮，既可外敷潤膚，也可做成健康的點心或沙拉。因種類不同，蘆薈葉片有的寬廣，有的細長，顏色和葉斑也不同，大小品種的尺寸也很懸殊，有的壯碩挺拔，有的溫潤小巧，有的刺尖感明顯，很個性化。栽培在菜園除了很實用，也具有視覺造景的效果。

栽培備忘錄

■ **栽種季節** 一年四季皆可生長，春至夏季生長旺盛。
■ **土壤** 含有蛇木屑、泥炭土、腐植土混合，排水性良好的土壤。
■ **栽培方式** 分株法。
■ **採收期的時間** 約80天可採收。

播育與栽培

■ **播育法**／蘆薈的繁殖多用分株法，從生長約2年以上的成熟蘆薈，邊旁長出約6cm的小株，小心將整株挖起將地下莖部用利刃切割下來，獨立出的小株放在通風處1～2天等切口汁液略收，再栽種到新盆器，約1個月能生根長穩。剛開始栽培可買新盆栽慢慢養大，或熟識的人有老株長新株時分一些來栽培。

■ **盛產期**／一年四季皆可生長，春至夏季生長旺盛。

■ **採收部位**／葉叢達6～7葉以上，取用1/3的量，取肥厚的葉片，剝去外皮取葉肉運用。

營養補給

蘆薈用途多，主要是因為蘆薈含有豐富的水分、天然膠性物質、多種氨基酸、單寧酸、酵素、維生素A、B群、C等豐富的營養成分，外敷可治療發炎，也可做美容用途，鎮靜滋潤肌膚，食用則能清火除躁、潤腸通便、促進腸胃健康、增強免疫機能、預防肝病、高血壓、糖尿病等，真是一「盆」萬利的好用植物。

陽台栽培有一套

蘆薈是可耐蔭的植物，明亮或稍有遮蔭的陽台、窗台皆可生長良好。土壤選用疏鬆、排水性良好的砂質壤土為佳。由於葉片具有貯水功能，不怕乾旱，每1星期澆水1次即可。每個月可施用有機肥料。冬天要設防風措施，或移到比較不受寒風吹拂的角落。

別名 蓮座草、東美人。 **學名** Graptopelaum Paraguayense。
科屬 景天科多年生肉質植物。
料理用途 生食、沙拉、加其他蔬果打汁，生長旺盛葉叢朵朵如花，具有美化菜園的作用。

端莊花形

石蓮葉

Graptopelaum
Paraguayense

石蓮是非常耐旱的植物，品種繁多，但各個都是葉片會貯存水分的健康寶寶，肥肥厚厚的模樣，很可愛。澆水需求不多，適合忙碌的都市農夫。石蓮的葉片呈灰綠色，表面有茸茸的質感，放射狀生長如綻放的花朵，所以也有「石蓮花」的美稱。數盆一起種植非常壯觀。葉片洗淨，可與生菜、水果做成涼拌沙拉盤，淋上梅汁或蜂蜜、沙拉醬更美味。石蓮也可打成汁，加蜂蜜做成石蓮花蜜汁，養顏美容又爽口。

栽培備忘錄

■ **栽種季節** 一年四季皆可生長，春、夏季生長最旺盛。
■ **土壤** 疏鬆、肥沃的砂質壤土為佳。
■ **栽培方式** 葉片繁殖。
■ **採收期的時間** 約40天可採收。

播育與栽培

■ 播育法／石蓮多用葉片繁殖，肥厚的葉片掉落土壤，只要土壤澆水濕度夠，即可生根再成為新植株，繁衍力超強，可說是好種的可食植物。

■ 盛產期／一年四季皆可生長，春、夏季生長最旺盛。

■ 採收部位／石蓮生長旺盛，有4朵以上的葉叢，即可陸續採收，葉片輕折即斷，不用採收工具。

營養補給

石蓮吃起來清淡微酸類似蓮霧的味道，是鹼性食物，對於現代人來說是很健康的蔬菜，含有鈣、鉀、鈉、鎂、鐵、維生素C、B$_1$、B$_2$、B$_6$、葉酸、菸鹼酸、β-胡蘿蔔素、膳食纖維及許多微量元素。

陽台栽培有一套

石蓮對於光線適應力佳，陽光明亮柔和的位置生長最好。土壤選用疏鬆、肥沃的砂質壤土為佳。約每星期澆水1次即可，土壤不要過濕。每個月可施用有機肥料。栽培石蓮最好能高架起來，避免蟲子和鼠類光顧。

Part-4

八種最適合新手種植的芽菜

都市栽培蔬菜，
陽光總是最講究的條件，
但是有一些芽菜真是方便，
喜歡在黑暗的地方發芽，
所以即使採光不好的房間、廚房，
都可以進行小小芽菜園的培育喔！
芽菜類的蔬菜不僅營養，
而且最容易栽培，
是都市農夫入門的首選，
基本上只要找個容器，
每天給予充足的水分，
不用施肥，
有些連陽光都不用，
在黑暗的地方就能「一暝大一寸」，
長得健康又漂亮。

葉形心叮愛

蘿蔔嬰

別名 蘿蔔苗。 **學名** Raphanus sativus L.。 **科屬** 十字花科蘿蔔屬草本植物。
料理用途 生鮮芽菜、熟食沙拉提味、汆燙青菜、清炒、
搭配生魚片殺菌增味、麵條、湯品點綴。

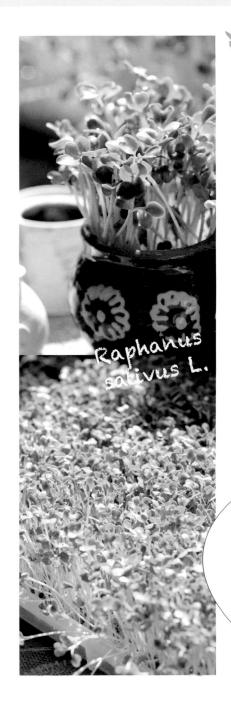

Raphanus sativus L.

蘿蔔嬰就是一般蘿蔔的幼苗，營養價值很高，值得推廣。尤其蘿蔔芽的葉片形狀很像一片片愛心，顏色翠綠，非常可愛，成長期間當作盆栽，能讓人心情不由得好起來。在這可愛的外表下，生吃滋味可會讓你大吃一驚，辛辣的味道，可以搭配生魚片或烏魚子，煮食後滋味轉為甘甜，又是另一種風味。

想栽培蘿蔔嬰可到蔬菜種苗店購買一般蘿蔔的種子，如果想吃葉片大一點，另有「葉蘿蔔」的種子，屬於葉菜類，也適合用土壤栽培，種子價格比一般蘿蔔稍貴些，有興趣可以嘗試播育。

栽培備忘錄

■ **栽種季節** 濕暗環境比較容易發芽，發芽後移至通風處。
■ **土壤** 保水良好的中性土壤(pH6.5～7.5)。
■ **栽培容器** 高度約5cm的容器。
■ **採收期的時間** 約7～8天可採收。

播育與栽培

0.準備種子／水耕、土栽皆可。種子在蔬菜種苗店可購得，注意整批顆粒、顏色勻稱、破碎少才購買。

1.種植／準備一個能濾水細網眼的容器，將蘿蔔嬰種子以清水濾洗，盤器底部沉進水盆裡使種子浸潤在水中6～8小時，或是泡至豆皮破裂即可。

2.催芽／催芽過程最好在器皿上覆蓋上一層紗布，土栽可覆蓋一層薄土，讓種子不要接觸到光線，濕暗環境比較容易發芽。

3.蟲害對策／一旦乾燥，就容易孳生葉蟲，必須留意，一有發現，就用水沖洗驅除。

4.採收方式／從催芽到可採收約7～8天，或觀察長度約6cm以上即可採收。

營養補給

蘿蔔嬰和蘿蔔葉一樣其實是很有營養的部分，據研究比白胖的蘿蔔莖還營養，含有豐富的維生素A、B_1、B_2、C、鐵、磷、鉀、纖維質等營養素，能促進新陳代謝、增強免疫力、預防夜盲症等助益。

室內栽培有一套

若以水耕栽培，每天澆水保濕；若以土栽培，可取一寬口盆器，填土約3cm厚度，先把土澆濕，將種皮已開裂的種子均勻撒播，不要重疊或擠成一堆，蓋上紗布巾放在陰暗處2～3天等冒出芽。等種子都發芽，移到窗邊空氣流通、可以照到陽光的位置，每天澆水1～2次，避免土壤乾燥。依照上述照顧方式反覆執行，約7～8天可採收。＊由於蘿蔔嬰種子細小，澆水時可用灑水器來比較不容易使種子被水柱沖散。蘿蔔嬰長出白莖後漸漸的根部形成狀似很多細絨毛，不要誤以為發黴而丟棄喔。

別名 葵花芽。　學名 Ipomoea aquatica Forsk。

科屬 菊科向日葵屬。

料理用途 生鮮芽菜、蔬果沙拉、汆燙青菜、清炒、搭配麵條、湯品。

陽之 精華

葵花芽

Ipomoea aquatica Forsk

向日葵芽，是否讓你聯想到就是最喜歡陽光的向日葵花？沒錯，黃澄澄的向日葵花每天都在吸收陽光的精華，生產出的葵花種子非常營養，不僅人可以食用，也是許多寵物的營養補充品。向日葵種類很多，培育芽菜有專門的品種，可以到芽菜種子專賣店購買，成本較低，發芽率也較高，烘過可當零嘴的葵瓜子則不可用來播育。

栽培備忘錄

■ **栽種季節** 濕暗環境比較容易發芽，發芽後移至通風處。

■ **土壤** 保水良好的中性土壤（pH6.5～7.5）。

■ **栽培容器** 高度約5cm的容器。

■ **採收期的時間** 約7~8天可採收。

播育與栽培

0.準備種子／土栽方式為宜。向日葵種子清洗後,挑除破裂缺損,向日葵種子顆粒大,很容易可挑除有問題的劣豆。其餘好的種子泡水6～8小時。

1.種植／以培養土播育,取一寬口盆器,填土約3cm厚度,先以水澆濕,將挑過的向日葵種子均勻撒播,不要重疊或擠成一堆。

2.催芽／催芽過程最好在器皿上覆蓋上一層紗布,土栽可覆蓋一層薄土,讓種子不要接觸到光線,濕暗環境比較容易發芽。

3.蟲害對策／一旦乾燥,就容易孳生葉蟲,必須留意,一有發現,就用水沖洗驅除。

4.採收方式／芽苗長至8cm左右即可採收,播種到可採收約7～8天。

營養補給

葵花種子和葵花芽菜含有豐富的維生素與礦物質,如維生素A、B群、C、E、鈣、鐵、磷、鉀、鎂、蛋白質、醣類、纖維質等,有助於促進人體新陳代謝、穩定血壓、降低膽固醇、抗氧化、美化皮膚、保健視力。

室內栽培有一套

催芽後種子發出白色根莖後,每天澆水1～2次,大約經過1天會破殼冒出一點白芽,3天後開始發芽生長,即可移到窗邊有陽光的明亮位置保持每天澆水濕潤。依照上述照顧方式反覆執行,約第7～8天綠色葉片長齊展開,即可採收。

大種子
多連發

豌豆苗

別名 荷蘭豆芽、番仔豆、豆苗。　**學名** Risum sativum L.。

科屬 蝶形花科豌豆屬蔓性草本植物。

料理用途 生鮮芽菜、蔬果沙拉、氽燙、清炒、搭配麵條、湯品。

Risum sativum L.

豌豆苗比起綠豆芽、蘿蔔嬰，可說是植株較大的芽菜，可以長得高，若用土栽培也可多次採收，尤其吃起來香甜可口，烹調後顏色也很鮮翠，在芽菜中人氣紅不讓。種子在蔬菜種苗店即可購得，挑選顆粒飽滿、未經化學藥物處理的原色乾豆，天然顏色為淺黃色，經過化學處理的顏色偏紅，要吃芽菜最好選購原色的豌豆來播育。

若是要種成結豆莢的植株，莖超過10cm以上，就會看出具有蔓性，需立支柱或格柵讓蔓藤可以攀爬生長，需要的陽光也要明亮、日照時間長。

栽培備忘錄

■ 栽種季節 濕暗環境比較容易發芽，發芽後移至通風處。
■ 土壤 保水良好的中性土壤（pH6.5～7.5）。
■ 栽培容器 高度約5cm的容器。
■ 採收期的時間 約7~8天可採收。

播育與栽培

0.準備種子／豌豆種子顆粒大，種子本身的養分已足以供應嫩芽生長，所以可以用水耕栽培。

1.種植／若用土壤或麥飯石栽培，可以使芽菜生長得更整齊美觀，剪取土面上的嫩莖後，還會再冒出新豆苗。

2.催芽／催芽時將種子清洗，挑除破損或乾扁的劣豆，其餘好豆泡水一晚（或24小時）。以培養土播育，取一寬口盆器，填土約3cm厚度（也可用麥飯石栽培，麥飯石清洗後可再利用）。 先以水澆濕，將豌豆種子均勻撒播，不要重疊或擠成一堆，表面覆蓋一層薄土或用透氣紗布蓋起來，放在陰暗處，等待發芽。

3.蟲害對策／一旦乾燥，就容易孳生葉蟲，必須留意，一有發現，就用水沖洗驅除。

4.採收方式／從催芽到可採收約7～8天，或生長長度達6～8cm即可採收，每次採收要剪到底，留下種子，會從斷莖旁處再發新芽。

營養補給

豌豆顆粒或嫩葉都很甘美，含有蛋白質、醣、維生素A、B$_1$、B$_2$、C、胡蘿蔔素、鈣、磷、鐵、纖維質等營養素，具有生津潤躁、利尿消腫、幫助消化、預防便秘等助益。

室內栽培有一套

催芽後冒出白色根莖，約經過3天會自己找到土壤方向向土裡紮根，等種子都發芽長出葉子，移到窗邊通風陽光充足的地方繼續栽培，每天澆水1～2次，避免土壤乾燥。依上述照顧方式反覆執行，約7～8天即可採收，每次採收要剪到莖底，過3～4天長高可再行採收。採收3～4次生長變得細弱，即翻除重播。

別名 相思豆菜、赤豆菜。 學名 Vigna angularis（Willd.）Ohwi et Ohashi。
科屬 蝶形花科紅豆屬草本植物。
料理用途 清炒、什錦蔬菜拌炒、燉湯、煮麵配料等

粉嫩
好氣色

紅
豆
芽

Vigna angularis (Willd.) Ohwi et Ohashi

紅豆芽豆瓣比較大，吃起來很有口感，也容易飽足，可以取代澱粉類食物作為健康瘦身的食材。尤其紅豆本身是補氣聖品，能使人氣色紅潤，有助元氣，除濕利尿，營養價值很高，發芽後的紅豆具有飽汁的嫩莖，做成菜餚品嚐，或和排骨燉湯，又是不同的風味。紅豆芽雖不常見，栽培過程卻一樣簡單，約6～8天即可收成。尤其紅豆芽初播種育苗階段不喜歡陽光，所以都市住家即使採光不好也無所謂，等冒出一點白白的莖端，再移到略有光線的通風處，就能讓紅豆芽蓬勃生長。

栽培備忘錄

■ 栽種季節 濕暗環境比較容易發芽，發芽後移至通風處。
■ 土壤 排水良好的壤土或砂質土(pH6.5～7.0)。
■ 栽培容器 高度約5cm的容器。
■ 採收期的時間 約6～8天可採收。

播育與栽培

0.準備種子／水耕栽培或土耕栽培皆可。取用一般市售紅豆即可,選顆粒飽滿、形狀勻稱孵出的紅豆芽最佳。紅豆的生命力旺盛,即使冰箱冰過的紅豆,發芽率仍可達九成以上,非常厲害喔。

1.種植／準備一個大碗或鍋子,取容器1/5的紅豆量,清洗紅豆除去雜質與破損蟲蛀的劣豆。

2.催芽／篩檢好紅豆放在容器內,加水至淹蓋滿泡水6小時後,倒掉水用透氣紗布或手帕蓋住,放在陰涼處,不可照到陽光或燈光。

3.蟲害對策／每次澆水後記得要把水倒乾,尤其夏天,若積水悶濕有可能會發生腐敗異味,所以澆水時順便輕輕翻動、淋洗一下,可以讓紅豆芽更健康,也可以讓壓在底下的紅豆芽有機會「翻身」到上面來,獲得較大的生長空間。

4.採收方式／豆芽長度長至4～5cm即可採收,全株採收連鬚根都可食用。

營養補給

紅豆芽含有豐富的植物蛋白、醣類、維生素B_1、B_2、C、鐵、磷、鉀、多種氨基酸鈣和菸鹼酸等營養素,具有補氣、補血、增加活力、促進血液循環、潤紅氣色、消水腫、改善腳部腫脹、改善手腳冰冷等助益。

室內栽培有一套

催芽後冒出白色根莖,約經過3天會自己找到土壤方向向土裡紮根,等種子都發芽長出葉子,移到窗邊通風陽光充足的地方繼續栽培,每天澆水1～2次,避免土壤乾燥。依上述照顧方式反覆執行,約7～8天即可採收,每次採收要剪到莖底,過3～4天長高可再行採收。採收3～4次生長變得細弱,即翻除重播。

別名 苜蓿嬰。 學名 Medicago polymorpha L.。 科屬 蝶型花科苜蓿屬草本植物。
料理用途 生鮮芽菜沙拉、搭配生魚片、三明治、漢堡、壽司、春捲、
搭配蔬果榨汁成精力湯、融入湯品或麵食點綴皆可。

清新細嫩
小奇兵

苜蓿芽

Medicago polymorpha L.

苜蓿芽也可算是台灣人最早接觸的芽菜類，種子細小，孵出的嫩莖纖細潔白，口感鮮嫩清爽，常與歐式沙拉、漢堡餐點搭配，具有獨特的蔬香，非常受到喜愛。近年來苜蓿芽用途更廣，舉凡和風拉麵上的點綴、壽司內的餡料，或台灣的春捲包料、創意雞排配蔬，都會運用苜蓿芽來增添清爽口感、減少油膩。

在早期其實苜蓿芽植株養大多做為馬匹或家禽家畜的飼料，由於營養價值豐富，逐漸將嫩芽運用在人的飲食上做為健康食品。尤其孵育的時間很短，很快就可收成，連小朋友都可以輕鬆上手，當個都市小農夫喔。

栽培備忘錄

■ **栽種季節** 濕暗環境比較容易發芽，發芽後移至通風處。
■ **土壤** 保水良好的中性土壤(pH6.5～7.5)。
■ **栽培容器** 高度約5cm的容器或廣口玻璃瓶。
■ **採收期的時間** 約4～5天可採收。

播育與栽培

0.準備種子/水耕即可。種子在生機食品百貨店可購得，注意種子包裝的有效期限，快過期的發芽率會大大降低。

1.種植/苜蓿芽種子相當細小，清洗時可用較深的廣口瓶子，加水輕輕搖晃來清洗，浮起較輕和殘破的種子撈除，其餘清洗2～3次後，用水浸泡6～8小時。

2.催芽/孵育時容器口蓋上紗布巾綁緊，乾淨的絲襪也可，用橡皮筋或細繩綁緊紗布巾封口後，把容器倒過來將水分滴乾，放在通風陰涼處，每天從紗布巾上澆水浸泡片刻，再將水倒乾即可。

3.蟲害對策/苜蓿芽孵育過程放在陰暗處，但須通風良好，避免悶濕，以免長黴。

4.採收方式/從催芽到採收約4～5天即可，或觀察長度約3cm左右即可採收。

營養補給

苜蓿芽看起來細嫩，其實含有傲人的營養成分，蛋白質比小麥、玉米更高，酵素含量和種類也很豐富，維生素A、B_1、B_2、C、D、E、鐵、磷、鈣、纖維質、醣類等毫不遜於其他蔬菜，其營養素，對於促進新陳代謝、淨化身體、增強活力、幫助排便都有幫助，惟紅斑性狼瘡或健康情況特殊者需請教醫生食用原則。

室內栽培有一套

苜蓿芽以水耕簡易栽培即可，每天3～4次澆水保濕，再倒水瀝乾，反覆操作；蓋上紗布巾放在陰暗通風處，1～2天即可看到白芽冒出。等多數種子都冒芽，仍維持每天澆水、浸泡1分鐘、瀝乾水分，每隔4～6小時操作一次，一天約3～4次即可。約4～5天可採收。

別名 烏麥、淨腸草。 **學名** Fagopyrum esculentum Moench。

科屬 蓼科蕎麥屬草本植物。

料理用途 芽菜沙拉、吐司、三明治蔬菜、湯品、拌麵或湯泡飯的配料蔬菜、榨汁做精力湯。

降血壓
降血脂

蕎麥芽

Fagopyrum esculentum Moench

蕎麥在日本是很著名的健康穀粱，富含有極高的營養價值，現在台灣南投縣也有栽培，除了作為食用的穀粱，也可作為農田的綠肥，用途極廣。近年來芽菜的養生價值被重視，蕎麥也被開發作為芽菜來食用，多了一種新口味可品嘗。購買回蕎麥種子，如果播育還有剩餘，種子可磨粉自己製作麵條、饅頭、餅乾、餃子皮等麵食點心，也可在早餐中加入牛奶做營養調製，用途很多。

栽培備忘錄

■ **栽種季節** 濕暗環境容易發芽，發芽後移至通風處。

■ **土壤** 保水良好的中性土壤(pH6.5～7.5)。

■ **栽培方式** 高度約5cm的容器。

■ **採收期的時間** 約7～8天可採收。

播育與栽培

0. 準備種子／水耕、土栽皆可。蕎麥種子為棕褐色，略呈三角卵形，在生機食品店或商品較多的種苗店可購得，注意整批顆粒、顏色勻稱、破碎少才購買。

1. 種植／準備一個能濾水細網眼的容器，將蕎麥種子以清水濾洗乾淨，撈除浮起的過輕或殘破的種子，其餘好的種子於盤器底部沉進水盆裡使種子浸潤在水中6～8小時，或是泡至種皮破裂即可。

2. 催芽／催芽過程在器皿上覆蓋一層紗布，土栽可覆蓋一層薄土，讓種子不要接觸到光線，濕暗環境比較容易發芽；若用水耕，每天反覆浸水、瀝乾、沖洗乾淨，每天約3～4次。

3. 蟲害對策／注意排水要良好，水耕則每次換水要瀝乾，土耕要避免積水以免長黴。

4. 採收方式／從催芽到可採收約7～8天，或觀察長度約5cm以上可採收。

營養補給

蕎麥含有豐富的營養價值，富含蛋白質、維生素B群、E、黃酮類化合物、芸香甘、蘆丁、鎂、磷、鈣、鐵、銅、鉀、鉻、脂肪酸、碳水化合物，有助於消化、消腫、清熱、排便順暢、清除身體毒素、抗氧化，長期食用有助於改善高血壓、血管疾病、降低血脂、降低膽固醇、糖尿病、癌症等，對現代人調整體質很有幫助。

室內栽培有一套

若以水耕栽培，每天澆水保濕；若以土栽培，可取一寬口盆器，填土約3～5cm厚度，先把土澆濕，將種皮已開裂的種子均勻撒播，避免重疊或擠成一堆，蓋上紗布巾，放於陰暗處反覆照顧等冒出芽。等種子都發芽，每天澆水3～4次，避免土壤乾燥，水耕也是反覆浸水、瀝水3～4次，注意保濕、通風，反覆執行，約7～8天可採收。

別名 小麥嬰、麥仔草 **學名** Triticum turgidum L.。

科屬 禾本科草本植物。

料理用途 生鮮芽菜沙拉、精力湯榨汁、湯品或麵食點綴。

綠色奇蹟

小麥草

小麥草，就是所謂小麥的種子所孵育出的嫩苗，過去小麥主要是養大用來作為主要糧食和動物飼料，種子磨成粉可用來製作麵包、饅頭、餅乾、麵條、蛋糕等，發酵後還可釀成酒，用途極廣。由於其營養價值和食用方式逐漸開發，嫩芽具有濃厚的香草味，被納為芽菜來食用，為近年來熱門的養生保健食物。

培育小麥草有一個好處，和豌豆苗一樣，只要每次收割留住種子繼續澆水照顧，可反覆採收多次，很具經濟效益。

栽培備忘錄

■ 栽種季節 濕暗環境比較容易發芽，發芽後移至通風處。
■ 土壤 保水良好的中性土壤(pH6.5～7.5)。
■ 栽培容器 高度約5cm的容器。
■ 採收期的時間 約9～10天可採收，可反覆收割3～4次。

播育與栽培

0.準備種子╱水耕、土栽皆可。種子在生機食品店或雜糧種子店可購得，注意有效期限，整批顆粒、顏色勻稱、破碎少才購買。

1.種植╱準備一個能濾水細網眼的容器，將小麥種子以清水濾洗，把浮起的劣質種子撈除，其餘留下連同盤器底部沉進水盆裡，浸潤水中24小時，或是泡至種皮破裂即可。

2.催芽╱催芽過程最好在器皿上覆蓋一層紗布，土栽可覆蓋一層薄土，讓種子不要接觸到光線，濕暗環境比較容易發芽。水耕可在盆器底部鋪上一層麥飯石或白碎石，使根部更容易紮根、向上整齊的生長。

3.蟲害對策╱避免過度潮濕或乾燥，隨時保持適當濕度，可避免孳生葉蟲或長黴，一有發現，立即用水沖洗驅除。

4.採收方式╱從催芽到可採收約9～10天，或觀察長度約10cm以上即可採收。每次採收記得保留莖底約2cm左右，繼續澆水照顧，即會繼續生長，可反覆收割3～4次。

營養補給

小麥最營養的部份在於胚芽，對於抗氧化、抗老化有幫助，富含不飽和脂肪酸、能促進人體新陳代謝、防治高血壓、心血管疾病、癌症等，也能增強人體的耐力，保健神經系統、腦部的健康。

室內栽培有一套

若以水耕栽培，可在器皿底部鋪一層乾淨的碎石，以便紮根，每天澆水保濕；若以土栽培，可取一寬口盆器，填土約3cm厚度，先把土澆濕，將種皮已開裂的種子均勻撒播，不要重疊或擠成一堆，蓋上紗布巾放在陰暗處等冒出芽。等種子都發芽，移到窗邊空氣流通、可以照到陽光的位置，每天澆水2次。依照上述照顧方式反覆執行，約9～10天可採收。

別名 大豆芽。 學名 Glycine max（L.）Merrill。

科屬 蝶型花科大豆屬草本植物。

料理用途 汆燙、涼拌、與其他蔬菜什錦炒、燉煮排骨湯

或雞湯、蔬菜湯、煮湯麵、做泡菜等。

植物
優蛋白

黃
豆
芽

黃豆也稱大豆，是亞洲的主要食物之一，豐富易為人體吸收的蛋白質更有所謂「植物之肉」的美名，是素食者用來取代肉品補充能量的好食材。

黃豆在台灣幾乎一年四季都出產，乾豆也很容易購得，售價實惠，孵育豆芽經濟實惠，豆芽瓣很大，吃起來口感佳，又有飽足感，也是減肥者可用來滿足味蕾、飽腹的好食物。自己孵育黃豆芽衛生又營養，沒有市售黃豆芽添加促進生長液的健康隱憂，而且好照顧、收成快，值得家家戶戶來栽培。

栽培備忘錄

■ **栽種季節** 濕暗環境比較容易發芽，發芽後移至通風處。

■ **土壤** 保水良好的中性土壤(pH6.5～7.5)。

■ **栽培容器** 高度約5cm的容器。

■ **採收期的時間** 約7～8天可採收。

播育與栽培

0.準備種子／水耕最方便。種子在蔬菜種苗店可購得,注意整批顆粒、顏色勻稱、破碎少才購買。

1.種植／準備一個能濾水細網眼的容器,將黃豆以清水濾洗,盤器底部沉進水盆裡使種子浸潤在水中10小時,或是泡至豆皮破裂即可。

2.催芽／催芽過程最好在器皿上覆蓋上一層紗布,土栽可覆蓋一層薄土,讓種子不要接觸到光線,濕暗環境比較容易發芽。

3.蟲害對策／避免過於潮濕或乾燥,培育處要通風良好,即可順利發芽,不易有蟲害。

4.採收方式／從催芽到可採收約7～8天,或觀察長度約5cm以上即可採收。

營養補給

黃豆營養價值很高,含有豐富的蛋白質、植物油脂,足以媲美肉類,人體必需的亞麻油酸、次亞麻油酸、維生素B$_1$、B$_6$、鈣、磷、鐵等礦物質、膳食纖維,都能有助人體健康、增強體能、強健心臟、控制膽固醇與血脂、提升抗病力、預防癌症。

室內栽培有一套

若以水耕栽培,每天澆水保濕;若以土栽培,可取一寬口盆器,填土約3cm厚度,先把土澆濕,將種皮已開裂的種子均勻撒播,不要重疊或擠成一堆,蓋上紗布巾放在陰暗處2～3天等冒出芽。

等種子都發芽,移到窗邊空氣流通、可以照到陽光的位置,每天澆水1～2次,避免土壤乾燥。依照上述照顧方式反覆執行,約7～8天可採收。

Part-5

五種外觀漂亮的瓜果

一般居家栽種瓜果類，直接買菜苗栽培，可縮短育苗時間，
如果有耐心等待，也可從種子種起。
瓜果類的蔬菜，在盛產期間結實纍纍，栽培起來充滿成就感。
平時未結果，瓜果盆栽也是綠化家園的好幫手，
硬挺的灌木、喬木類植株，會長得較高，
結果時果實的重量下壓，最好設立支柱扶撐；
有些是蔓藤類的瓜果，可以用軟塑膠鐵絲分段固定，
美化鐵窗、圍欄，
或誘導往上攀爬成立體綠棚，帶來視覺上的變化與情趣。
瓜果蔬菜生長過程，
從幼苗、成長、開花、結果、果實由青澀轉為成熟，變化不斷，
是生態觀察的好教材，也帶來視覺欣賞的變化。
有些果樹可以栽培多年，一年多次採收，非常經濟實惠。

瓜果栽培 的叮嚀

＊適用盆器：

瓜果類的植株通常長得較高，紮根較深，需使用較大較深的盆器來栽培，土量越多越好。本書所選的種類都屬於小型瓜果，適合陽台或小庭園栽培，基本盆寬或直徑也應在40cm以上，深度達40cm以上，隨瓜果植株成長，斟酌考慮是否再換大盆器。

＊園藝工具：

尖嘴澆水壺、土耙、鏟子、園藝剪刀、支架、棚架。許多果樹在小果苗階段可能已能結實纍纍，但是莖枝並不粗壯，有些則是蔓性莖，需要架設支柱或搭棚架來支撐。

＊栽培土壤：

2/3陽明山土加1/3有機土混合均勻，澆水造成土表逐漸流失，可每2週補上一些有機土穩固根基。

＊肥料使用：

可使用瓜果類專用的肥料，或使用有機肥。

＊採收原則：

瓜果都是挑熟的先採收，採收後的枝條略作剪短，促進其他果實成長並冒新枝葉。

別名 大番茄/西紅柿、小番茄/小金柑。 **學名** Lycopersicon esculentum Mill.。
科屬 茄科番茄屬草本植物。
料理用途 水果、入菜料理、煮湯、義大利麵、PIZZA的重要配料、
製作番茄醬、番茄罐頭等製品。

人氣
水果王

番
茄

Lycopersicon esculentum Mill.

番茄在引進和改良變種之下品種非常繁多，果實大小、形狀、顏色、滋味、水分含量都不同，當水果生食或入菜熟食，都很美味，喜歡吃番茄的人真有口福。番茄在近年來也是增進健康、預防癌症且是低糖低卡的水果，用盆栽可以栽培小品種的番茄，或矮性品種，健康一樣不打折。

栽培備忘錄

■ **栽種季節** 濕暗環境比較容易發芽，發芽後移至通風處。

■ **土壤** 保水良好的中性土壤(pH6.5～7.5)。

■ **栽培容器** 高度約5cm的容器。

■ **採收期的時間** 約7～8天可採收。

播育與栽培

■ 播育法／番茄多以幼苗栽培，盆土約30cm深，每株間距約60cm以上，小番茄莖長高後逐漸呈蔓性狀，可將長莖往盆器外延伸，或用高架方式，使果實不著地面。從栽培至可採收約50天。

■ 盛產期／秋至翌年春季生長最旺盛。

■ 採收部位／小番茄如果成長良好，每株可採收約40顆以上，果實剛熟紅未變軟即從蒂頭上1cm處剪下。

營養補給

番茄含有豐富的茄紅素、枸聚酸、蘋果酸、芸香甘、菸鹼酸、維生素A、B群、C、E、鈣、磷、鐵、鉀等營養素，有抗氧化、美化肌膚、降血壓和膽固醇、增進眼睛健康、保護男性攝護腺等作用。

陽台栽培有一套

番茄喜歡陽光明亮的環境，略有遮蔭非直射陽光亦可栽培。土壤選用疏鬆排水良好的砂質壤土為佳。每天澆水1～2次。每個月施用肥料可促進果實旺盛飽滿。番茄怕風，設立防風紗網可保護果實，也可防蟲防鳥偷吃。

別名 紫皮菜、酪酥。 **學名** Solanum melongena L.。

科屬 茄科茄屬多年生小灌木。

料理用途 茄子的吃法很多，炒、蒸、煎、烤、煨皆美味。

顏色形狀
都搶眼

茄子

Solanum melongena L.

茄子屬於中型的瓜果類，栽培成功即可結實纍纍，栽培時需較大的盆器並立支柱扶撐。茄子的葉形特殊，紫色的花也非常可愛，等花凋萎茄子逐漸形成，紫色的長條茄，或是圓潤的蛋茄掛滿枝條，有些是漂亮的深紫色，有的紅紫色、也有白紫色，種類很多，外皮還有蠟質光澤，豐收時非常壯觀漂亮。

栽培備忘錄

■ **栽種季節** 濕暗環境比較容易發芽，發芽後移至通風處。
■ **土壤** 保水良好的中性土壤（pH6.5～7.5）。
■ **栽培容器** 高度約5cm的容器。
■ **採收期的時間** 約7～8天可採收。

播育與栽培

■ 播育法／茄子多以幼苗來栽培，盆土30cm以上深度，每株間距約60cm，長高至45cm應設置支架扶撐，以免傾倒。
■ 盛產期／春季至冬初，依不同品種幾乎一年四季皆可收成。
■ 採收部位／從幼苗長至可採收茄子，約需要70天的時間，果實顏色鮮亮飽滿的先採收，從蒂頭上2cm處剪下。

營養補給

茄子含有維生素A、B₁、B₂、C、鈣、磷、鐵、醣、蛋白質、纖維質，能滋潤皮膚、減少皮膚斑點、幫助腸胃蠕動、清潔腸道、預防便秘、防治糖尿病。

陽台栽培有一套

茄子需要明亮、日照時間長的環境，才能結果良好，土壤選用疏鬆、肥沃、排水良好的砂質壤土為佳。每天澆水1～2次。開始開花後每2週施用有機肥一次。

茄子長高至30cm以上，可經常修剪掉接近土壤的葉片，保留植株上半部1/2～1/3左右的葉片量，可減少營養消耗，使茄子結生的數量與品質更好。

別名 青椒、番椒。　學名 Capsicum annuum L.。
科屬 茄科辣椒屬一年生草本植物。
料理用途 生吃、沙拉、炒食、燜烤、菜餚配色等。

黃綠紅
都迷人

甜椒

Capsicum annuum L.

甜椒也是所謂的青椒,椒肉殼多水分,中空心結種子,外皮蠟質光亮,果實很具觀賞性,成就感十足。依照椒體的份量主要可分為薄殼種、厚肉種。近年流行彩色的甜椒,有紅、橙、黃等顏色,更添甜椒家族的美麗色彩。混合料理或做盤飾,顏色非常鮮豔誘人,挖空中心的囊子,也可做為焗烤時特別的容器,青椒或彩椒的栽培法相似,可以各栽培幾株,增添菜園熱鬧氣氛。

栽培備忘錄

■ **栽種季節** 濕暗環境比較容易發芽,發芽後移至通風處。

■ **土壤** 保水良好的中性土壤(pH6.5～7.5)。

■ **栽培容器** 高度約5cm的容器。

■ **採收期的時間** 約7～8天可採收。

播育與栽培

■ 播育法／甜椒可用種子繁殖，培育出幼苗後選健壯的再定植，盆土30cm以上深度，每株間距約60cm，長高至30cm應設置支架扶撐，以免傾倒。在種苗店多有售培育好的甜椒苗，直接使用可省去育苗階段。

■ 盛產期／春、夏、冬季最盛產。

■ 採收部位／從幼苗長至可採收，約需要50天的時間，果實顏色鮮亮飽滿的先採收，從蒂頭上2cm處剪下。

營養補給

甜椒含有豐富的水分、蛋白質、醣類、灰質、菸鹼酸、維生素A、B_1、B_2、C、鈣、磷、鐵、纖維質等營養素，能淨化血液、美化皮膚、穩定血壓、促進新陳代謝、幫助消化、預防便秘。

陽台栽培有一套

甜椒喜歡陽光明亮、整天可照到陽光的環境，土壤選用疏鬆、肥沃、排水良好的的壤土。每天澆水1～2次。每2~3週可施用有機肥一次。甜椒長高至30cm以上需設支柱扶撐，且避免結的較低的果實接觸到土壤，以免受蟲咬和腐爛。

別名 吊果莓、小紅帽果。　學名 Fragaria ananassa。　科屬 薔薇科草莓屬多年生草本植物。
料理用途 生食、水果沙拉、入菜料理、做為冰淇淋和糕點裝飾與佐味，
也可製成草莓果醬、草莓露、草莓酒等製品。

艷紅甜蜜
萬人迷

草
莓

Fragaria ananassa

酸酸甜甜的草莓，無疑是冬天裡最讓人興奮的水果，當它開出白白的花，大家就已開始期待著鮮紅欲滴的果子了，冬天經過草莓園，夾道香甜的氣息，讓人邊採邊忍不住想咬一口，運用在點心的裝飾上，立即成為超人氣蛋糕。草莓很適合用盆栽栽培，世界上的品種多達50多種，只要陽台光線充足，你也能擁有可愛的草莓園。

栽培備忘錄

■ **栽種季節** 濕暗環境比較容易發芽，發芽後移至通風處。

■ **土壤** 保水良好的中性土壤(pH6.5～7.5)。

■ **栽培容器** 高度約5cm的容器。

■ **採收期的時間** 約7～8天可採收。

播育與栽培

■ 播育法／草莓以幼苗來栽培，每株間距約45cm，等長成成熟的植株，會長出外伸的走莖，走莖端部有一組組的小葉叢，把小葉叢拉近另外填土的容器，等長根後剪斷與原本植株相連的走莖，即可獨立成長新草莓盆栽了。冬季從幼苗栽培至結果，約需60天。

■ 盛產期／結果期多集中於冬季至翌年春季最旺盛。

■ 採收部位／草莓果實顏色轉紅、飽滿光澤、有香氣出來即可採收，從蒂頭上1cm處剪下，太晚採收容易遭引昆蟲，果實也容易腐爛。

營養補給

草莓含有豐富的維生素C、草柔花酸、鞣花單寧酸、氨基酸、酚類、檸檬酸、維生素、礦物質、果膠、單糖等成分，適量食用，有助於美化皮膚、抗氧化、促進新陳代謝、增強抗病力、維持血液正常、防癌。

陽台栽培有一套

栽培草莓要在光線充足明亮，整天都有日照的環境，開花與結果量才會豐盛。土壤選用疏鬆排水良好的砂質壤土，每1～2天澆水1次，避免積水，澆水時把葉子翻開，直接澆在土壤上，避免淋到葉片和果實。每隔2～3週施用有機肥。開始結草莓時，要把果實撈到盆器外懸垂以免碰土腐爛。夏季是草莓的淡季，不太開花結果，要設遮簷，避免艷陽曬傷植株，順利越過第二年夏天，則冬季可再收成，約種二年後成長趨勢變弱，即取走莖重新栽培新苗。

別名 四季吉（桔）、公孫桔。 **學名** Citrus microcarpa Bonge.。

科屬 芸香科常綠灌木。

料理用途 果汁、桔茶、蜜餞、桔醬、蛋糕點心等。

酸甜多C

四季金桔

Citrus microcarpa Bonge.

金桔是代表幸福吉祥的果樹，植株低矮就能結實纍纍，而且果形圓潤，非常討喜，由於一年四季都會開，在過年期間果實豐盛，成熟的由綠轉為金黃色，庭園菜圃更顯熱鬧。金桔可長至1～2公尺，葉片呈長橢圓型，質地厚，裡頭藏著精油，搓揉後會聞到清香味。果實近似柑橘，滋味較酸，維生素C和酚類含量豐富，不僅果樹，還稱為「保健」植物，可泡桔茶、做桔餅蜜餞，可以祛除感冒，保持身體強健。

栽培備忘錄

■ **栽種季節** 濕暗環境比較容易發芽，發芽後移至通風處。

■ **土 壤** 保水良好的中性土壤（pH6.5～7.5）。

■ **栽培容器** 高度約5cm的容器。

■ **採收期的時間** 約7～8天可採收。

播育與栽培

■ **播育法**／金桔多以果苗來栽培,每株間距約90cm,使用直徑30cm以上、土深40cm以上的盆器來栽培較佳,成熟的植株可成長至1公尺以上。

■ **盛產期**／一年四季皆可收穫,夏至冬至都旺盛。

■ **採收部位**／幼苗栽培至結果約50～60天,果實成熟飽滿,直徑達3cm以上即可採收,從蒂頭上1cm處剪下。

營養補給

金桔除了含有豐富的維生素A、B群、C和多種礦物質,還具有超抗氧化的類黃酮類、花青素等酚類,洗淨連皮最好,食用對人體有抗氧化、清除身體自由基、清爽精神、止咳化痰、消炎、補中順氣、消除積食飽脹感。

陽台栽培有一套

栽培金桔未結果時期可接受半天日照的環境,但是開始結果一定要移到陽光明亮充足、整天都有日照的環境,開花結果量才會豐盛。土壤選用疏鬆、排水良好的砂質壤土為佳。每1～2天澆水1次即可,澆水儘量避免淋灑果實。金桔結果量豐盛,營養消耗快,所以每個月定期施用有機肥很重要。採收果實後把枝條剪短,可減少營養消耗,並促進分枝生長,使植株更茂盛。

Part-6

六種提味必備辛香料

台灣無論家常或飯店料理，

都很喜歡「爆香」和「灑綠末」來提增菜餚的風味與美觀，

蔥、辣椒、香菜、芹菜、韭菜、九層塔等辛香菜，

都是令人開胃下飯的好素材，

這類配角蔬菜其實天天都用得上，

很值得家家戶戶來栽種。

辛香菜園 ㄉ叮嚀

＊適用盆器：

香料菜植株大小差異較大，盆器尺寸可視植株成長情況個別決定，由於家常做菜經常可使用到，建議選擇「長條型」或「方形」的盆器、箱子，或直徑較大的圓盆來栽培，比較能達到使用量的需求。

＊園藝工具：

尖嘴澆水壺、蓮蓬灑水壺、鏟子、園藝剪刀。

＊栽培土壤：

適用的土壤配方可參考2/3陽明山土加1/3有機土的比例配方，澆水造成盆土逐漸流失，每兩週補上一些有機土穩固植株根基。

＊肥料使用：

每個月施用有機肥補充養分。

＊採收原則：

辛料菜如蔥、韭菜可在採收時順便用分株法來繁殖，每叢只收成2/3左右的量，剝出一部份連根的葉支繼續栽培，如此可繼續培養出更多；香菜則是割取土表上的葉叢，留下根頭與短莖也可再發新葉；九層塔從每枝的頂芽開始往下採收，一方面能促進往側邊生長新枝新葉；辣椒則從熟紅的果實採收，把採收過的枝條略修剪，能促使其他果實生長更好。

別名 番椒、牛角辣椒。 學名 Capsicum annuum L. var. longum Seudt。

科屬 茄科辣椒屬一年生草本植物或小灌木。

居家用途 盆栽綠化、驅蟲敵避植物、料理提增辣味、可作成辣椒醬、辣椒粉、辣油、醃辣椒等。

味蕾的
刺激遊戲

辣
椒

Capsicum annuum L. var. longum Seudt

辣椒是辛辣植物中最具刺激性的一種，辣度依品種有不同的級數，如紅辣椒就有雞心椒、牛角椒、紅唇、百香、長香等品種，另外還有頂級之辣朝天椒，成熟果實為綠色的綠辣椒等。辣椒的葉片小，植株成長後如小灌木，分枝廣，只要土壤肥沃光線充足，結生辣椒量很多，而且採收期很長，紅紅的辣椒掛滿枝椏，成就感十足，菜園更添豐收喜氣。

栽培備忘錄

■ **理想環境** 濕暗環境比較容易發芽，發芽後移至通風處。
■ **土壤** 保水良好的中性土壤(pH6.5～7.5)。
■ **栽培容器** 高度約5cm的容器。
■ **採收期的時間** 約7～8天可採收。

播育與栽培

■ 播育法／辣椒可用種子繁殖，或購買辣椒苗來栽培，間距約60cm一株，圓形盆器每盆栽種一棵即可，盆土深30cm以上為佳。栽培至採收約70天可結果採收。

■ 盛產期／辣椒的結果期很長，冬季至翌年春季最盛產。

■ 採收部位／取用果實，從果實上蒂頭1cm處剪下，熟紅的先採收。如果產量豐富用不完，可以製成辣椒醬或醃辣椒方便保存。

提味魔法

辣椒刺激性強，每次食用量不宜多，含有豐富的維生素A、C和B群，以及蛋白質、醣類、鈣、磷、鐵、菸鹼酸等營養成分，適量食用，可促進代謝、利尿發汗、祛風寒、預防感冒、殺菌消炎、增強抗病力。

陽台栽培有一套

辣椒需要陽光充足明亮的環境，最好能全天都有直接光線照射。使用肥沃、排水良好的腐植土來栽培。每天澆水1～2次。每個月可施用有機肥料。辣椒植株長高至30cm後，最好能設立支撐，尤其風大的地方，要避免莖枝吹折，以免損失結果量。

別名 羅勒，千層塔，西王母菜。 **學名** Ocimum basilicum。

科屬 唇形科多年生灌木植物。

料理用途 盆栽美化、三杯料理、海鮮料理、炒蛋、羹湯提香、做水餃攪醬、麵包抹醬等。

路邊攤
美味蔬菜

九層塔

Ocimum
basilicum

九層塔在台灣是家喻戶曉的常用辛香料，味道濃郁且特殊，屬於羅勒大家族中的一支。羅勒在義大利和歐美多運用在義大利麵、披薩上，細屬種類也很多，如茴香羅勒、甜蜜羅勒、肉桂羅勒、皺葉羅勒、檸檬羅勒等，風味不同，葉色葉形也各有千秋。台灣最常見的九層塔葉片較小，為橢圓形或卵型，有青梗種、紅梗種，另有大葉種，風味很適合與蛤蜊、花枝、炸雞等食物搭配，也可磨碎與橄欖油、蒜蓉和胡椒粉調味作成水餃搵醬。

栽培備忘錄

■ **理想環境** 濕暗環境比較容易發芽，發芽後移至通風處。
■ **土壤** 保水良好的中性土壤（pH6.5～7.5）
■ **栽培容器** 高度約5cm的容器。
■ **採收期的時間** 約7～8天可採收。

播育與栽培

■ 播育法／九層塔適合以種子播育，定植時每株間距40cm以上，或一個盆器種一棵，播種至葉量豐盛約50天可陸續摘採。

■ 盛產期／一年四季皆可生長採收，春至秋陸續開花。

■ 採收部位／食用主要取葉片，藥用莖、葉、花、種子皆可運用。

提味魔法

九層塔含有維生素A、C、醣類、蛋白質、鈣、磷、鐵質等成分，能促進血液循環、滋補活血、鎮咳、順氣、消炎、幫助消化、強健筋骨、促進發育、對男女生殖健康有助益。

陽台栽培有一套

九層塔需要陽光充足明亮的環境，最好能全天都有直接光線照射的環境。使用排水良好的有機壤或腐植土來栽培。每1～2天澆水1次，見土壤表面乾燥再澆水。每個月可施用有機肥料。結生花苞時剪去花序不使開花，可以減少植株消耗能量，延長植株壽命；經常從頂部往下摘頂芽小葉叢，可以促進側枝與葉量生長。

別名 洋芹，旱芹。 **學名** Apium graveolens L. var. dulce （Mill.）Pers。

科屬 繖形花科旱芹屬。

料理用途 盆栽綠化、當蔬菜炒食、煮湯提味、水餃餡、減重生菜。

白皙玉立

芹菜

Apium graveolens L. var. dulce (Mill.)Pers

芹菜香氣清新，但很有自己的風味特色，在台灣是很受喜愛的提香蔬菜，喜歡它的風味，也可當蔬菜直接炒食，由於芹菜熱量低，在歐美更利用做為減肥蔬菜。以前都是摘掉葉子只吃芹菜莖，經過營養學研究，芹菜葉的養分比莖更豐富，所以要連葉子一起食用才好。

芹菜的葉片是三出葉，邊緣有鋸齒裂狀，剛長出葉片時與香菜類似，但葉片較大，長成後會比香菜高出許多，所以不難區分。芹菜全株嫩綠，顏色很鮮亮，栽培起來可以使菜園更添活力。

栽培備忘錄

■ **栽種季節** 濕暗環境比較容易發芽，發芽後移至通風處。
■ **土壤** 保水良好的中性土壤(pH6.5～7.5)。
■ **栽培容器** 高度約5cm的容器。
■ **採收期的時間** 約7～8天可採收。

播育與栽培

■ **播育法／**芹菜多用播種繁殖，秋天至翌年春季適合播育，播種距離不要太緊密，等菜苗長至3～4葉後選擇強健的苗繼續栽培，每株要空出約25cm的間距，栽培至可採收約40～50天。

■ **盛產期／**一年四季皆可生長，秋至冬季生長最盛。

■ **採收部位／**食用主要取嫩莖和葉片。當芹菜高度至30cm以上可割取土壤上的莖葉，若等葉片開始枯黃時口感就已經過老了。

提味魔法

芹菜含有豐富的胡蘿蔔素、維生素A、C、粗纖維、鈣、磷、鐵、鈉、鎂、硫、鉀等微量礦物質，對人體健康很有幫助，能清熱、利尿、降血壓、幫助清潔腸道，吃起來飽足感夠，熱量低，可做減肥瘦身的蔬菜。

陽台栽培有一套

芹菜喜歡半日照或稍有遮蔭的環境。使用肥沃的腐植土來栽培。每天澆水2次，土壤要維持一定濕度，不可過於乾燥。每個月可施用有機肥料。如果希望芹菜的莖更白嫩，要訣就是避免強烈陽光照射，可以在植株旁栽植其他高度相當的蔬菜盆栽遮擋側面的陽光。

別名 芫荽，胡荽。 學名 Coriandrum sativum L.。

科屬 繖形花科芫荽屬草本植物。

居家用途 盆栽綠化、菜餚點綴、湯品添香、甜品糕點調味、沾醬調味等。

迷你小書扇

香菜

Coriandrum sativum L.

香菜是台灣小吃重要的點綴蔬菜，肉羹湯、貢丸湯、米血糕、潤餅、肉粽、燒肉等都會灑些香菜末提香、去油膩，使用之普遍、風味之討喜，贏得「中國巴西里」之美稱。香菜植株低矮，但是香味濃郁，葉子像一片片香香的小扇子，邊緣呈齒裂波浪狀，除了葉片經常作為料理和佐醬提味，種子、根在中藥和民俗食療中也都有功效。

栽培備忘錄

■ **理想環境** 濕暗環境比較容易發芽，發芽後移至通風處。
■ **土壤** 保水良好的中性土壤(pH6.5～7.5)。
■ **栽培容器** 高度約5cm的容器。
■ **採收期的時間** 約7～8天可採收。

播育與栽培

■ 播育法／香菜多用種子來播育繁殖，定植時每株間距10cm以上，從栽培至葉叢茂盛可採收約30～40天。

■ 盛產期／秋季至翌年春季生長最旺盛。

■ 採收部位／主要取嫩葉嫩莖。若用量不多，不用全株採收，僅割取土壤上的葉叢，留著底部根莖，還會再繼續生長新葉。

提味魔法

香菜包含醣、蛋白質、維生素A、C、鈣、磷、鐵等營養素，具有生津開胃、幫助消化、寧神、利尿、保健脾胃等助益。

陽台栽培有一套

香菜可以接受半天日照或略有遮蔭的地方，但是光線仍不可過於蔭庇。香菜不喜歡強烈的直射陽光，尤其夏季若栽培位置陽光強烈，需架設遮網或移置略有遮蔭處來栽培。土壤選用排水良好、疏鬆的壤土。每天澆水1～2次，土壤常保略濕狀態，不可過於乾燥。每個月可施用1次有機肥料。

別名 香韭、扁蔥、起陽草。 **學名** Allium tuberosum Rottl. Ex K.Spreng.。
科屬 百合科多年生草本植物。
居家用途 盆栽綠化、當蔬菜炒食、料理提香、做佐醬提味、煮麵提味、
作餃子餡、包子餡、韭菜盒等麵點。

滋補
強壯

韭
菜

韭菜是亞洲地區特殊的香料蔬菜，特殊的香氣，可以單獨品嘗，也可增添其他肉類或湯品的鮮味。韭菜常被誤認為是蔥，差別在於韭菜的葉片是扁平狀，非管狀，有大葉、小葉品種之差，結生的花苞滋味甘美，稱為「韭菜花」，如果在栽培韭菜的過程中特意遮蓋不讓陽光照射到，使葉片軟化、黃化即為「韭黃」。

栽培備忘錄

■ **理想環境** 濕暗環境比較容易發芽，發芽後移至通風處。

■ **土壤** 保水良好的中性土壤(pH6.5～7.5)。

■ **栽培容器** 高度約5cm的容器。

■ **採收期的時間** 約7～8天可採收。

播育與栽培

■ 播育法／初種韭菜多用播種或菜苗來繁殖，等一批強健的韭菜長成後，即可改用分株法，在豐盛的葉叢旁小心分出3～4枝為一組（連根完整的）再另外栽種。每株距離25cm。栽培至可採收約50天。

■ 盛產期／一年四季皆可生長採收，春、秋兩季生長最旺盛。

■ 採收部位／食用主要取莖葉。當葉叢生長至茂盛即可收割，收割時留下近土壤短莖和根部，繼續栽培施肥，即可再生長新葉，反覆採收約3次，若生長情況變差，即可重新栽培。

提味魔法

韭菜含有豐富的蛋白質、硫化物、醣類、維生素A、B_1、B_2、C、鈣、磷、鐵、鉀、纖維質等，具有增強精力、活血滋補、保肝固腎、殺菌除蟲、幫助消化、預防便秘等作用。

陽台栽培有一套

韭菜喜歡陽光充足明亮的環境，最好能全天都有直接光線照射。使用排水良好的壤土，混入一半有機土，土壤深度30cm以上較佳。每天澆水1～2次，避免過於乾燥。每個月可施用1次有機肥料。韭菜怕風吹，天氣寒冷和風大的季節需設擋風網來保護。

別名 青蔥。 學名 Allium fistulosum L.。 科屬 蔥科蔥屬多年生植物。
居家用途 盆栽綠化、當蔬菜炒食、各種炒菜提香、煮魚、燉肉、熬湯、
和肥腸與烤鴨等搭配、做調味醬。

料理常備

青蔥

蔥是台灣很家常的提香菜、點綴菜，如果可以自己栽培，隨用隨採，真是方便。蔥的葉形呈特殊的管狀，裡頭有辛辣味的黏滑液體，常見的有粗蔥、細蔥之分，依品種有珠蔥、粉蔥、大蔥、九條蔥、日本蔥等，底部白色的部分為「蔥白」，多用來做炒菜前提香的素材，上頭的綠色蔥葉則切細做湯品或菜餚起鍋前點綴之用。其實蔥本身具有特別的營養，可以成為一道主菜。居家可以栽培四季蔥，葉管較纖細，葉管部份鮮嫩，且四季皆可栽培。

栽培備忘錄

■ **理想環境** 濕暗環境比較容易發芽，發芽後移至通風處。

■ **土壤** 保水良好的中性土壤(pH6.5～7.5)。

■ **栽培容器** 高度約5cm的容器。

■ **採收期的時間** 約7～8天可採收。

播育與栽培

■ 播育法／初種蔥，多用蔥苗來繁殖，等栽培出一批強健的成蔥後，即可改用分株法，在豐盛的蔥叢旁小心分出3～4枝蔥枝為一組（連根完整的）再另外栽種。蔥每株距離20cm。如果用種子或幼苗栽培，至可採收約90天。

■ 盛產期／依品種一年四季皆可生長採收，春至秋季最盛。

■ 採收部位／蔥主要取莖葉食用，看蔥叢生長茂盛、蔥白看起來結實潔白，蔥管尖端未枯黃前就要採收，可整株連根拔起採收，如果希望留著根莖繼續成長，僅割取蔥綠管至剩下6～8cm左右的高度繼續冒新葉，或用分株法繼續栽培，這樣家裡的蔥就能源源不絕了。

提味魔法

蔥雖然多作為料理的配角，其實當蔬菜食用也很營養，含有醣類、蛋白質、碳水化合物、纖維質、維生素A、C、鈣、鐵、鉀、磷等成分，可促進代謝、利尿發汗、祛風寒、消浮腫、殺菌消炎、預防感冒、增強抗病力等作用。

陽台栽培有一套

蔥喜歡陽光充足明亮的環境，最好能全天都有直接光線照射的環境。土壤選用排水良好的黏質腐植土來栽培，土壤深度最好30cm以上。每天澆水1～2次。每個月可施用1次有機肥料。風大的地方蔥容易吹折，要設立擋風措施來保護。

Part-7

五種芬芳四溢香草

香草,雖然歷史悠遠,
但是本世紀重新掀起芳香大浪,堪稱最浪漫的園藝植物,
在陽台或窗外種上幾盆,香味洋溢,精油的滲透力,令人心情愉快,
而且能為居家環境殺菌驅蟲,好處多多。
香草食用方面可運用在泡茶、作菜、製作糕點、作醬料、香草油、
香草酒、調味粉等,也能為肉類、海鮮去腥、殺菌,相當實用。
香草類的葉片通常比較輕薄、莖枝纖細,
也很適合做押花、香草圈等裝飾品,
香草的精油經過萃取提煉,可作為薰香醫療,
或製作成各種護膚水、香皂、洗髮精、沐浴精等,是天然的美妝好幫手。
從美化環境、食用、醫療、美容養顏、手工藝術等用途來看,
香草植物多才多藝,
在菜園裡栽培幾盆,不僅氣質出眾,
又能幫其他蔬菜趕走蟲子,值得推薦。

香草菜園小叮嚀

*適用盆器：

　　1.香草植物「氣質」出眾，且質感纖細，用單純的盆器最能襯托特色，如素燒盆、釉燒盆、木箱、木提盒、椰纖掛盆等，注意一定要有排水孔，香草不喜歡太濕的土壤。

　　2.盆器尺寸依照購買的植株來選擇，成株以深度15cm以上的盆器最佳，約每半年視成長情況再移植到更大的盆器。

　　3.為避免香草的香氣混雜和品種雜交，儘量不要將多種香草擠在一個小盆裡，如喜歡組合盆栽的效果，可把各種香草分別栽種在獨立的盆器裡，再裝進大一點的木箱或條型盆器來排列。

*園藝工具：

　　尖嘴澆水壺、蓮蓬灑水壺、鏟子、園藝剪刀。

*栽培土壤：

　　肥沃、排水性良好的腐植土加上有機土混合。

*肥料使用：

　　香草植物並不特別依賴肥料，如果栽培數個月之後，盆土養分消耗多，可選用葉菜類專用的有機肥，通常1個月施用一次即可。

*採收原則：

　　香草植物多用來泡茶或做菜時點綴提香，一次的使用量不多，採收就從每枝頂芽往下摘採一段，如此也可促進植株生長側枝，如果居家使用量較大，則應該增加栽種的盆數，每株一次採收不要超過1/3～1/4的葉量為宜。

別名 海水之露。　**學名** Rosmarinus officinalis。　**科屬** 唇形科常綠灌木。

居家用途 盆栽美化、作敵避驅蟲植物、泡茶、料理提香、海鮮肉類的保鮮抑菌，乾燥作成罐裝香料、搭配橄欖可作香料油，也可運用在薰香沐浴、製作香草環裝飾等。

超有型

迷迭香

Rosmarinus officinalis

　　迷迭香算是最容易栽培的香草植物，全株香味濃郁，小株需要用手搓揉葉片來感受氣息，等養至大株成茂盛的叢狀，靠近菜園即可感受到空氣中瀰漫的香氛。這麼強烈又特殊的氣味，無怪乎驅蟲效果卓著，自古以來就被用來做室內薰香、保鮮食物等用途。

　　迷迭香的開花時間不長，但是針狀的葉片全株造型強烈，以莖枝特性來分，有直立莖、有的具有匍伏性，選擇喜歡的品種用來美化菜園非常有型，而且最厲害的是可以幫蔬菜趕走昆蟲，可說是超強守門員。

栽培備忘錄

■ **理想環境** 濕暗環境比較容易發芽，發芽後移至通風處。

■ **土壤** 保水良好的中性土壤(pH6.5～7.5)。

■ **栽培容器** 高度約5cm的容器。

■ **採收期的時間** 約7～8天可採收。

播育與栽培

■ 播育法／迷迭香用種子播育需要30天左右才能發芽，需耐心等待；用插枝法來繁衍較普遍，可購買健壯的成株盆栽，利用春、秋季，在植株未開花前，剪取最高處的莖葉約10cm一段，插入事先澆濕的栽培土，入土長度去除葉片約3～5cm深，一天多次充分澆水，可直接淋在莖葉上，栽培照顧約20天可開始生根長成新的植株，屆時移到新盆器又多一盆了。

■ 盛產期／一年四季皆可採收，每次採收不超過全株1/4的量為宜。開花多集中夏末或春季，可欣賞到迷迭香鐵漢柔情的一面。

■ 採收部位／葉、莖含豐富精油，剪取較鮮嫩的枝條，避免剪到褐色木質化的主莖，剪下來的枝葉放在陰暗通風處，乾燥後取下葉片即可運用。

香精魔法

迷迭香的香味很濃郁，略帶有辛涼的味道，用手輕輕抓葉叢手上就會沾染上這股香氣，所含的精油具有振奮精神、減輕疲勞感、醒腦凝神、集中注意力、強化血液循環、健胃等助益。古時常用迷迭香來作驅邪之用，或把枝葉作成香草環可掛在門上祈求平安幸福。

陽台栽培有一套

栽培迷迭香首重空氣流通、光線明亮的環境，全天至少有半天直射光，不宜蔭庇，對於四季冷熱氣候適應力佳，土壤需要排水性良好、土質肥沃的砂質壤土為宜。每1～2天澆水1次即可，不用過多，見土壤表面乾燥再澆水。可每個月施用有機肥料，促進葉片旺盛。長期受風吹的環境，最好架設擋風或緩衝的設施，以免葉片乾萎。

別名 麝香草。 學名 Thymus vulgaris。 科屬 唇形科多年生草本或小灌木。
居家用途 盆栽美化、幫食材防腐保鮮、入菜提香去腥、泡茶、製作香草醬、
糕點、香草油、香草酒、押花裝飾、提煉精油、促進健康、調製化妝品等用途。

嬌嫩玲瓏

百
里
香

Thymus vulgaris

百里香葉子細小，有直立型，也有匍伏的品種，葉片呈小橢圓形，莖枝柔軟有彈性，全株線條纖細自然，購買小盆的植株開始栽培，讓人看了不禁起愛憐之心，莖枝成長快速，栽培起來很有成就感。養大的成熟植株，根基處會逐漸變成木質化如灌木狀。

百里香的味道淡雅，用手輕輕揉搓葉片才容易聞到香氣，開小花以白色居多，也有粉紅色、淡紫色的品種，春～秋天都可能開花；葉片有全綠色，也有斑葉品種，有乳白色或淡黃色斑塊，非常可愛；「檸檬百里香」的味道則最為初接觸者所接受，在購買時可以先比較一下不同品種的差異。

栽培備忘錄

■ **理想環境** 濕暗環境比較容易發芽，發芽後移至通風處。

■ **土壤** 保水良好的中性土壤(pH6.5～7.5)。

■ **栽培容器** 高度約5cm的容器。

■ **採收期的時間** 約7～8天可採收。

播育與栽培

■ 播育法／百里香可利用春、秋季節用種子播育，約14天左右發芽；也可採用插枝、分株、壓條等方式來繁殖，插枝取成熟植株最高頂芽約10cm插入栽培土，入土長度去除葉片約3～5cm深；分株方式要從根系小心分出1/4左右的量，另行栽種成獨立的植株，若傷到根部則不容易成活；壓條做法是將較強健且長度較長的枝條往下牽引，約中央處一小段埋入盆土中，約14天發根，即可剪斷相連的莖條，成為獨立的植株。

■ 盛產期／莖葉四季可採收，春～秋季都會陸續開花。

■ 採收部位／隨時可剪下莖葉，新鮮或乾燥皆可作多用途使用。

香精魔法

百里香香氣淡雅，仍具有優異的防腐、殺菌、消毒的作用，可運用在海鮮、肉類的調理。百里香的香氛運用在飲食或精油薰香，還有幫助消化、強壯滋養、提神、振奮精神等助益。

陽台栽培有一套

百里香喜歡陽光充足明亮的環境，半日照的陽台或窗台亦可栽培。土壤選用偏鹼性、排水良好的砂質壤土。每1～2天澆水1次，土壤表面乾燥再澆水即可。每個月可施用有機肥料。長高的枝條可隨手採擷下來使用，如此可促進植株長側枝，讓盆栽看起來更茂盛。

別名 留蘭香。　**學名** Mentha spp。　**科屬** 唇形科多年生草本植物。
居家用途 盆栽美化、飲食可用來泡茶、製作調味糖、鹽、醬料、糕餅點心，
精油外用作消炎鎮痛、提神醒腦等用途。

清涼有勁

薄荷

Mentha spp

清涼又清香的薄荷，生長性強，容易栽培，且成長快速，可說是老少咸宜，新手適用的香草。早期口香糖的主要清涼香味就是取自薄荷香草，將「薄荷葉＋甜菊＋香蜂草」三種香草葉片捲起來放入口中咀嚼，就是這個味兒！

薄荷其實不只一種，品種可達上千種之多，葉型、風味各有不同，較常見的如綠薄荷、野薄荷、薑薄荷、檸檬薄荷、鳳梨薄荷、胡椒薄荷、巧克力薄荷、柑橘薄荷、金錢薄荷、斑紋薄荷等，可以在菜園多種幾種，既可快速的增添綠意，又能隨著料理和點心製作的需求，摘採不同的薄荷葉變化風味。

栽培備忘錄

■ **理想環境** 濕暗環境比較容易發芽，發芽後移至通風處。

■ **土壤** 保水良好的中性土壤(pH6.5～7.5)。

■ **栽培容器** 高度約5cm的容器。

■ **採收期的時間** 約7～8天可採收。

播育與栽培

■ 播育法／薄荷生命力旺盛，可用種子或插枝、壓條等方式繁殖，而且都很容易成功。用種子播育約10天後發芽，等待期不長，值得嘗試，如果希望效果更快速，可以選用插枝或壓條法，成功率也很高。

■ 盛產期／一年四季皆可生長，春至夏季最旺盛，花期多在夏季。

■ 採收部位／主要採收莖葉部分，全株可提煉精油。

香精魔法

薄荷的清涼和香味，主要是植株精油含薄荷腦、香芹酮等成分，具有提神醒腦、消除疲勞、緩解頭痛、消炎放鬆、健胃潤腸等作用。可外用作醫藥成分，也可泡茶或製作點心當養生素材。注意，婦女懷孕期間避免使用薄荷的相關製品。

陽台栽培有一套

薄荷在香草植物中耐蔭性頗佳，可以在陽光稍弱、只有半天日照時間、有遮簷的陽台生長良好，夏季如果陽光過於強烈且直射，反而對植株有害，要架設緩衝的紗網或換栽培位置。栽培薄荷最好使用偏鹼性、肥沃且排水性良好的砂質土。每2～3天澆水1次即可。每個月可施用有機肥料。要特別注意的是，不同品種的薄荷，不要栽培在同一個容器裡，否則容易有雜交變種的現象。

別名 紫銀草、蘇草。 學名 Perilla frutescens。　科屬 唇形科一、二年生草本植物。
居家用途 盆栽美化、可煮茶、當蔬菜、配生魚片、作搵醬、醃菜、醃蜜餞、
菜餚提味、製作糕點，以及保健方面的調理。

形色特殊
風靡日本

紫蘇

Perilla frutescens

紫蘇是亞洲的代表性香草之一，葉片大，橢圓形，邊緣鋸齒狀明顯，尤其紫紅色品種，即使於雜草中野生，遠看就能認出。在日本紫蘇被譽為健康食品，常融合於料理提味、醬料與飯糰、和菓子中。

紫蘇的主要品種，有葉色紫紅的紅紫蘇、赤紫蘇，或是綠色葉片的綠紫蘇、青紫蘇，另外比較特別的品種如白紫蘇、半面赤紫蘇。紫蘇對台灣氣候與土壤適應力良好，是容易栽培成功的香草。

栽培備忘錄

■ **理想環境** 濕暗環境比較容易發芽，發芽後移至通風處。

■ **土 壤** 保水良好的中性土壤（pH6.5～7.5）。

■ **栽培容器** 高度約5cm的容器。

■ **採收期的時間** 約7～8天可採收。

播育與栽培

■ **播育法**／紫蘇適合用種子繁殖，春季播種，約夏季可開始採收，培育出健康的幼苗後，定植需每株間隔20cm，使葉片有充分的成長空間。

■ **盛產期**／夏至秋季生長最旺盛。

■ **採收部位**／採收較嫩的葉片，全株花、葉、種子皆可提煉精油多用途使用。

香精魔法

紫蘇自古一直是保健性的藥草，含有豐富的維生素A、B_1、B_2、C、E、胡蘿蔔素、鈣質等營養成分，有滋補、順氣、利尿、除腳氣、消炎、改善咳嗽、去痰、預防感冒、美容養顏、促進新陳代謝等助益。紫蘇除了葉片可以食用，花和種子都含有豐富的精油，經過提煉可以運用在食物香料、製作化妝品、清潔劑等多種用途。

陽台栽培有一套

紫蘇喜歡陽光明亮充足的環境，若光線不足容易莖高葉少，株形不美。對於土壤的適應良好，一般有肥沃、排水良好的栽培土即可使用。每2～3天澆水1次即可，勿過於潮濕。每個月可施用有機肥一次。摘採頂部的嫩芽葉，可刺激側枝和新葉長出，使植株形狀往橫向發展，看起來比較茂盛。

別名 檸檬草、香芒草。 **學名** Cymbopogon citratus。 **科屬** 禾本科多年生草本植物。
居家用途 盆栽美化、煮茶、入湯燉煮、作搵醬、
精油外用、沐浴、乾燥葉片可作室內薰香、衣櫥除臭。

泰式料理
好搭檔

檸檬香茅

Cymbopogon citratus

「好像雜草喔！」這是香茅草給人的第一印象，因為香茅本身屬於禾本科，外觀看起來就和郊外的芒草一樣的粗獷，雖然其貌不揚的外表，香氣卻讓人驚艷，想品原味，就剪一些葉片下來煮茶，有如檸檬的清香，不僅聞起來香，喝起來順，整間屋子也會因為一壺香茅茶而芬芳無比。在泰國和東南亞地區，香茅是煮湯的重要素材，酸辣蝦湯就是香茅的代表作，與海鮮、魚肉、蔬菜的料理都能出色入味。

栽培備忘錄

■ **理想環境** 濕暗環境比較容易發芽，發芽後移至通風處。

■ **土壤** 保水良好的中性土壤（pH6.5～7.5）。

■ **栽培容器** 高度約5cm的容器。

■ **採收期的時間** 約7～8天可採收。

播育與栽培

■ **播育法**／香茅多用分株法來增加栽培量，初種可購買長成的香茅盆栽，栽培得當多可高至1公尺以上，植株旺盛、葉量多時，可小心從根部分出一部分獨立栽培至另一個盆栽。

■ **盛產期**／春至秋初生長較旺盛。

■ **採收部位**／採收時割取土壤以上的部份葉、莖，留著根頭繼續長葉，最好戴著手套再收割，以免葉片邊緣割手。長葉洗淨切碎或剪小段即可運用在煮茶或料理上。

香精魔法

檸檬香茅的香氣主要來自成分中的檸檬醛，精油運用在薰香或飲食上，有提神、鎮靜、促進食慾、幫助消化、消除油膩、生津潤躁、舒緩緊張等助益，用作室內薰香也有殺菌、驅蟲、怡神的作用，精油也可提煉作香水、化妝品香料等用途。

陽台栽培有一套

檸檬香茅喜歡陽光強烈明亮的環境，最好整天都有充足陽光照射，如南向、東南向的陽台，屋頂菜園也很適合。肥沃且排水性良好的腐質土為佳。每2～3天澆水1次即可，每個月可施用有機肥料一次。檸檬香茅像芒草，葉緣薄，觸摸時小心刮手。冬天要特別注意防風防寒措施，或移到較溫暖的角落。

自己種菜吃

Index

分享園藝生活的「愛物慾」與「尋寶樂」

菜園種子資材&佈置雜貨採購指南

雜貨佈置加分術——打造鄉村菜園的雜貨尋寶指南

　　住在都市，菜苗、苗木哪裡找？肥料、土壤、盆器、工具哪裡買？想把菜園佈置得美美的，又有什麼裝飾方法呢？這裡提供一些去處讓你去逛逛，如果不想出門，只要坐在家裡用眼睛逛逛電腦、你要的貨品就能送到家，現在人當都市農夫，真是輕鬆方便。

　　順應時代潮流，也為了更有效的利用時間，這幾年，我也很習慣用網路來構築我的綠色世界，尤其許多佈置性的特殊雜貨散落世界各處，想同時擁有可不容易，網路賣場是個有趣的虛擬環境，卻真實的集結了「跑單幫」、「一人公司」，不定期的出國採購貨品賣給窩在電腦前就想買東西的人，拍賣網除了購物，也是個充實靈感、獵取流行的好管道，即使不消費，參考店家照片中園藝商品的擺設、取景的環境，也能對自己的菜園佈置有所啟發。

　　一些比較特別的園藝雜貨舖，也可以找到天然石頭打造的盆器、樸拙的手作木箱木盒、能裝飾也便於蔬果分類的各種花插、藝術家手繪的鐵片掛飾、鄉村味十足的馬口鐵水桶、澆水桶，連實用的鏟子、耙子等工具，只要多瀏覽幾家店，都能發掘令人讚嘆、愛不釋手的產品。

　　一個個優雅美觀、別出心裁的園藝用具和裝飾品，總是讓我流連徘徊，充滿採購的衝動，即使有時候只是純欣賞這些手工做的鄉村雜貨，心情也會變得非常快樂飽滿。

　　這些風格十足的園藝雜貨，使得一些重視「feel」的都市園丁和業餘菜農，得以脫離「工業塑膠盆」堆砌的枯燥景象，在自己的園圃中增添幾分人文情懷與賞心悅目，園藝生活更顯得樂趣多多。

　　我私人收藏的園藝雜貨林林總總來自日本、美國、法國、英國、義大利、峇里島等各地，台灣本地的產品或MADE IN CHINA的也兼而有之，可說是熱熱鬧鬧的聯合國風格。網路化的時代，懶人有懶福，畢竟台灣深巷藏寶物，世界之大難行遍，如果懶得出門，光是上網瀏覽也能找

到讓你此生無悔的好物件呢。

實體賣場有另一種好處，可真實的觸摸商品，確定質感，了解實際的材質與尺寸，不妨多去園藝雜貨賣場逛逛，或是一些佈置有術的景觀咖啡店參觀，在文化與美感的薰陶中，裝飾佈置的靈感會漸漸萌生，有預算時買一些戰利品，能自己做的也可DIY學著做，菜園只要一點一點的持續佈置，就會一天比一天更迷人，像花園一樣有美感，充滿主人的風采。

初接觸此領域者，可以參考附錄中網路搜尋與實體園藝賣場的資訊，作為打造菜園的出發站。

網路鄉村小超市 Cyber Country Supermarket

網路賣場非常浩瀚，要鍵入適當的「關鍵字」，才能避免「眼睛逛街過度疲勞」的後遺症。以下提供一些較有集中效果的搜尋路徑，無論是補充靈感，購買美感，或是栽培希望，都祝福你從中能獲得樂趣與滿足。

A Yahoo！奇摩拍賣網關鍵字搜尋參考：「蔬菜種子」、「菜苗」、「菜園」、「盆器」、「花器」、「塑膠盆」、「素燒盆」、「園藝資材」、「栽培土」、「肥料」、「有機肥」、「園藝工具」、「澆水器」、「鏟子」、「圓鍬」、「鐮刀」、「收納籃」、「收納盒」、「竹籃」、「藤籃」、「瀝水籃」、「鄉村雜貨」、「鄉村田園」、「園藝裝飾」、「園藝擺飾」、「花

插」、「門牌」、「Welcome」、「鐵製掛飾」、「圍籬」、「花架」等等。

B 鄉村雜貨網路店舖：有關鄉村園藝和居家佈置的商品，多數網路店家是以不定時出國採購的方式，蒐集日本、法國、英國、義大利等鄉村風的製品最多，其中包含廚房、園藝、佈置等綜合性的商品，以下幾處賣場時有好貨入荷，從Yahoo！奇摩拍賣網站輸入這些店名即可參觀到許多的鄉村雜貨，多比較，多欣賞！

「斑士堤」、「自由之丘」、「雜貨散步」、「小山鄉村雜貨」、「園藝櫥窗」、「鄉村童話」、「東京雜貨」、「天然生活165號」、「生活木工場」、「幸福盒子」、「六町目11-7」、「玫瑰鄉村雜貨舖」、「心靈雜貨」、「安妮公主」、「溫柔的時光」、「維多利亞鄉村屋」、「小妮維熊ㄅ精品舖」、「日本鄉村雜貨」、「ZAKKANO.7」、「Zakka Forest」、「Minto日本園藝雜貨」、「來自美國PIER3」（裝飾車牌、鐵牌專賣）。

★購買小祕訣──爭取熟客折扣：如果經常光顧某家店舖，或是一次購買數量較多，賣家通常會給予免運費、送小禮物或總價折扣等優惠方式，最好主動提出優惠要求，獲得折扣的機會較多。

■ Fresh 1

自己種菜吃 都市中的療癒菜園　　F0001

國家圖書館出版品預行編目資料

自己種菜吃 / 唐芩 著. 第一版.
新北市：文經社， 2016.03
面；　公分

ISBN 978-957-663-741-4（平裝）

1.蔬菜　2.水果　3.栽培

435.2　　　　　　　　105002012

著　作　人：唐芩
社　　　長：吳榮斌
總　編　輯：陳莉苓
企劃編輯：Sylvia Lin
美術設計：Veranda
攝　　　影：賴光煜

出　版　者：文經出版社有限公司
地　　　址：241 台北縣三重市光復路一段61巷27號11樓A
電　　　話：（02）2278-3338
傳　　　真：（02）2278-3168
E-mail：cosmax27@ms76.hinet.net
郵撥帳號：05088806文經出版社有限公司

法律顧問：鄭玉燦律師
定　　　價：新台幣 280 元
發　行　日：2016年 5 月 第一版　第 2 刷

特別感謝

衷心感謝下列廠商，於此書製作拍攝過程中參與資材與
場地提供，因為您們的熱情協助，本書才能順利完成。

　■ 阿怪工作室 ■ 小亨利的家 ■ 草葉集 ■ 莫內花園

　■ 雅致進口窗簾 ■ 法老花藝 ■ 品沐芳香療法SPA

■ 賴光煜攝影工作室 ■ 張小珊工作室 ■ 劉老伯的空中花園

　■ 育材公司 ■ 菁山農場 ■ 笠園有機農場 ■ 葡萄樹莊園

　　　■ 城市農夫翁小姐 ■ 趙瀟小姐

Printed in Taiwan